"十二五"职业教育国家规划教材
经全国职业教育教材审定委员会审定

高职高专艺术学门类"十四五"规划教材

3ds Max室内设计效果图实训（第四版）

U0641622

主　编　颜文明
副主编　金庆云　唐映梅　杨　柳　刘晓玲
吴明涛　周　麒　杨　帅　王利元

華中科技大學出版社
http://press.hust.edu.cn
中国·武汉

内容简介

本教材的内容充分考虑了高职高专学生的实际情况，在编写的过程中，与常州市杰典环境艺术设计有限公司进行真实案例的研讨，共同开发真实项目，以科学的态度对待科学、以真理的精神追求真理，紧跟时代步伐，顺应实践发展。"从行业水平出发，从设计角度入手"，精心编排四个设计项目。编者不仅在效果图的制作过程中融入了多年从事设计工作所积累的经验，而且着重介绍了制作前的设计思路，知识、能力、素养目标，以及项目总结和项目拓展内容，融入了中国式现代化的人与自然和谐共生的设计理念。在本教材中，轻奢风卧室空间室内设计表现着重讲解了初步空间建模、VRay 插件的渲染流程、灯光和材质等知识点的参数设置、命令调整运用，培养学生在学习过程中形成良好的室内装饰设计师职业素养，提高学生的审美和人文素养，增强文化自信；简约风小型会议室空间室内设计表现主要讲解了办公空间的设计原则与表现技法，空间建模和 VRay 渲染器的渲染设置流程，材质参数的调节和室内灯光的布置方法，强化学生的团队合作能力，树立正确的社会主义核心价值观，培养劳动精神；新中式餐厅包间空间室内设计表现让学生掌握中式风格的演变以及新中式的设计要素和技巧，提升学生的审美和人文素养，增强文化自信，养成团队协作、敬业、专注、创新精神。

本教材中的项目做到了"四个结合"：理论知识与实践技能在设计中全过程结合，国家规范与图纸规范相结合，工程项目流程与实践技能过程相结合，教学过程与学习过程相结合。通过学习，读者将掌握设计方法并逐渐积累经验，在此过程中，读者的创意和灵感也将被大大激发。

图书在版编目（CIP）数据

3ds Max 室内设计效果图实训 / 颜文明主编. -- 4 版. -- 武汉 : 华中科技大学出版社, 2025. 7.
ISBN 978-7-5772-1803-8

Ⅰ. TU238-39

中国国家版本馆 CIP 数据核字第 20253L49M4 号

3ds Max 室内设计效果图实训（第四版） 颜文明 主编
3ds Max Shinei Sheji Xiaoguotu Shixun (Di-si Ban)

策划编辑：彭中军
责任编辑：易文凯
封面设计：孢 子
责任校对：谢 源
责任监印：朱 玢
出版发行：华中科技大学出版社（中国·武汉） 电话：（027）81321913
武汉市东湖新技术开发区华工科技园 邮编：430223
录 排：武汉创易图文工作室
印 刷：武汉科源印刷设计有限公司
开 本：889 mm × 1194 mm 1/16
印 张：7.5
字 数：220 千字
版 次：2025 年 7 月第 4 版第 1 次印刷
定 价：59.00 元

前　言

党的二十大报告提出“深化教育领域综合改革，加强教材建设和管理”“推进教育数字化，建设全民终身学习的学习型社会、学习型大国”。本书基于编者多年的教学和实践操作经验创作，旨在于课程教学中引导学生立足时代、扎根人民、深入生活，树立正确的艺术设计观和创作观。教学案例的设计坚持以美育人、以美化人，积极弘扬中华美育精神，引导学生自觉传承和弘扬中华优秀传统文化，全面提高学生的审美情趣和人文素养，增强文化自信。本书尚在策划的时候，编者就确立了理论联系实践的原则，并按照由易到难的顺序来安排整体的写作框架，这样一来，即便是初学者在接触到本书时，也可以逐步掌握项目案例的表现方法与技巧。本书是校企合作开发的教材，采用了项目案例与设计理念相结合的方法，不仅详细介绍了软件的使用技巧，还全面融入了室内空间设计效果图表现的创意手法以及职业岗位所需要的行业知识。

目前，市场上各类计算机图形图像技术方面的书籍琳琅满目。但我们也发现大部分书籍只是停留在技术和软件的应用层面，而对于相关专业设计人员来说，他们更期望在学习计算机软件技术的同时，也能学习建立在艺术设计层面上的设计创意。既能设计出科学合理、创意新颖的方案，又能使用相关软件完美表达，不是一件容易的事情，这需要设计师具备优秀的方案能力、扎实的专业原理知识、科学的创作方法、积淀深厚的人文素养、丰富的现实空间体验以及熟练的专业技术与技能，做好这些专业的铺垫后绘制出的效果图才会真实且令人信服。

本书在研讨计算机辅助室内设计的技术问题时，有意对一些室内设计原理进行了知识介绍。高职高专在校学生、3ds Max 爱好者、室内效果图设计人员及行业软件培训班学员可将本书作为教材和工具书，随时翻阅、查找需要的效果制作内容。书中的设计经验与独特创意能激发学员的创作潜能，拓宽其设计思路，提高其制作技巧与效率，从而帮助学员设计出独具魅力的作品，使他们以满腔热忱对待一切新生事物，不断拓展认知的广度和深度。

本书经过长时间的组织、策划和创作，虽然编者始终坚持严谨、求实的作风，并追求高水平、高质量、高品位的目标，但不足之处在所难免，敬请读者、专业人士和同行批评、指正，编者将诚恳接受意见，并会在以后推出的图书中不断改进。

编者

目　录

项目一 室内设计效果图设计表现认知

任务一　室内设计概述

任务二　室内设计的原则与原理

项目导入

设计师的责任与义务是给业主创造一个温馨的家，创造一个符合业主行为方式、生活习惯、功能需要、心理需求、文化取向、审美情趣的高品质空间。当我们在进行室内设计表现之前，要了解这类空间的空间特点、设计原理、设计内容，业主的职业、年龄、家庭结构、审美爱好、生活习惯等；要了解室内设计的特点，掌握室内设计的流程和方法；要掌握室内设计的原则与原理，能把理论运用到实际的效果图表现中；要对室内设计中的元素、项目背景进行步骤分解，在制作效果图时思路才会更清晰。

学习目标

1. 知识目标

(1) 学习室内设计表现技法的一些常识，熟悉和掌握室内设计的流程。

(2) 了解室内设计的思路与技巧、室内设计的原则与方法。

(3) 准确合理地把握室内设计的原理，并学会联系实际空间效果的表现，通过计算机辅助设计软件来具体呈现。

(4) 掌握室内装饰工程基础、行业法规等基本理论知识，能准确合理地把握项目的流程和关键参数。

2. 能力目标

(1) 具有探究学习、分析和解决室内设计要素问题的能力，具有良好的语言、文字表达能力和沟通能力。

(2) 具有使用计算机辅助设计软件进行室内设计的能力。

(3) 掌握室内设计类方案效果图的绘制技能，达到设计公司的职业绘图能力。

3. 素质目标

(1) 通过对室内设计原理的学习，形成良好的室内装饰设计师职业素养，提高设计审美和人文素养，增强文化自信。

(2) 通过设计虚拟情境，强化方案的真实体验，解决社会热点，强化人文关怀，弘扬尊老爱幼的中华传统美德。

(3) 培养能够理解设计图纸标准、制图规范和图纸质量要求的职业素质。

项目任务分解

在制作室内设计效果图前，设计师应该先了解室内设计的关键要素、流程与方法，了解空间的特点、室内设计的原则与原理。明白室内设计与和效果图表现存在必然的关联，可以大大提升效果图的质量，效果图的准确表现是为室内设计所服务的。

任务一　室内设计概述

知识点一、室内设计的含义

室内设计的含义分为两个方面：一是心理计划，是指在我们的精神中形成“胚胎”，并准备实施的有目的的计划；二是在艺术设计中的计划，特别是指绘画制作中的草图方案等。如果限于名词角度，设计最广泛、最基本的含义是计划，即有一定的目的性，并以其最终实施为目标而建立的方案预想。这种概念界定，我们称为广义的设计，因为它几乎涵盖了人类有史以来一切文明创造活动，其中所蕴含着的构思和创造性行为过程，也成了现代设计概念的内涵和灵魂。

狭义的室内设计，主要指室内环境设计，是根据建筑物的使用性能、所处的空间和相应的标准，运用物质技术手段和美学原理，创造功能合理、舒适优美、满足人们物质和精神生活需要的室内环境。这一空间环境既具有一定使用价值、满足相应的功能要求，同时也反映了历史文脉、建筑风格和环境气氛等精神因素。它是建筑设计的延伸和深化，是室内空间与环境的再造，具体包括如下物质功能和精神层面的内容。

(1) 室内设计是对建筑空间功能设计的继续、深化与完善，使空间布局合理、流线便捷、层次清晰。

(2) 以人为本，解决人与空间、家具、设施之间的关系，满足人对温度、通风、采光和隔音等的舒适性需求。

(3) 不断地对室内空间的功能和形式进行创新，以满足人们对室内空间高品质的要求，满足人们对环境情调、意境与文化的精神需求。

由此可见，室内设计并非仅仅是墙、顶、地的界面形式处理，其本质是对理想空间的营造，如图 1-1～图 1-3 所示。

图 1-1　商业空间

图 1-2　居室空间 1

图 1-3　展示空间

知识点二、室内设计的流程

室内设计是一项复杂而系统的工作，需要通过规范的设计流程来保证设计的质量和价值。设计流程包括以下内容。

(1) 设计准备：主要的工作是收集信息，现场勘测，与客户建立联系，确定设计计划，若属委托设计则应签订设计合同。

(2) 方案设计：确定设计方案，进行设计构思与方案比较，完善初步方案与方案表现。

(3) 深化设计：进行初步的资料分析和功能流线分析，构思初步的草案，推进与审定方案，选择材料样板与设备，初步编制项目概算。

(4) 设计实施：进行方案的细化和深化，与业主就方案进行深入交流沟通，进行施工图的设计与绘制（目录、说明、图纸、大样等），必要时还应编制施工预算。

(5) 评价和维护管理：订货选样，选型选厂，完善图纸中未交代的部分，与施工单位进行施工交底与协调，施工过程中进行必要的调整与变更，参与竣工验收；对交付使用的工程进行用后评价和调查满意度，并承担一定时期的质量维修。

知识点三、室内设计的方法

室内设计是一个充满创造性的思维活动，如同思维的时而理性、时而感性一样，设计在两种思维方式不断交织中逐步清晰。在设计思维形成的过程中，设计方法的运用非常重要，它们可以帮助设计师记载偶发性的创意思路，并通过科学逻辑性的推理，最终形成行之有效的设计方案。自 20 世纪 70 年代以来，设计方法的研究在各个设计领域开展，形成了图式思维、计划理论、行为学、符号学、类型学和模式语言等具有创新性的设计方法，广泛应用于建筑、室内、环境和产品设计中。

二维码 1-1

任务二　室内设计的原则与原理

知识点一、室内设计的原则

为了分析和评价室内设计的成功与否，需要了解室内设计的基本原则——功能与实用、结构与材料、美观与经济。这些原则能使室内设计更加合理化、实用化、美观化。

1. 功能与实用

功能设计是为了满足空间中人们行为和活动的实际需要，“以人为本”是室内设计体现其社会功能的基础。满足空间的实用功能是空间设计品质的第一原则，这要求设计的空间尺度适宜，使用方便、舒适、安全，同时在空间的组织、色彩和材料的选用，以及环境气氛的营造等方面满足人们心理与情感上的需求。如图 1-4～图 1-6 所示。

2. 结构与材料

室内空间是建筑空间环境的主体，空间可以通过物质手段来限定，以满足人们的各种需求。人们在使用和感受室内空间时，通常直接看到和感受到的是界面实体，室内界面的设计既有功能技术要求，也有造型美观要求，既有界面的线性和色彩设计，又有界面的材质选用和构造问题。材料与技术的选择影响着工程的耐久性和存在的价值，而价值与功能是分离的，材料与技术必须根据设计用途合理选用，耐久和昂贵的材料不一定在每种情形下都合适，只要用途适合且制造精良，纸杯和金杯可以是同样优秀的设计作品。如图1-7～图1-9所示。

图 1-4　居住空间 2

图 1-5　餐饮空间

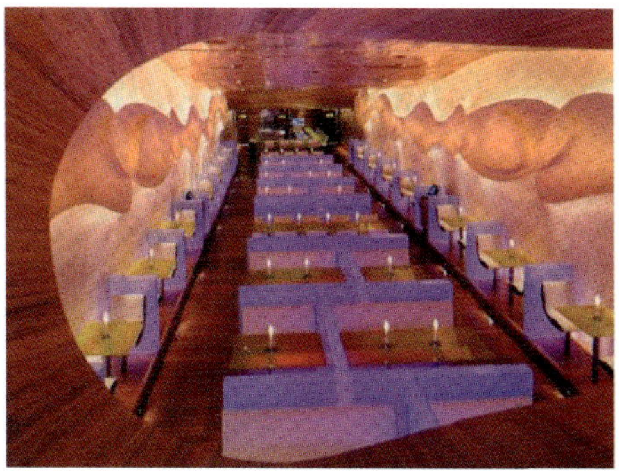
图 1-6　休闲空间

图 1-7　空间结构

图 1-8　材料运用

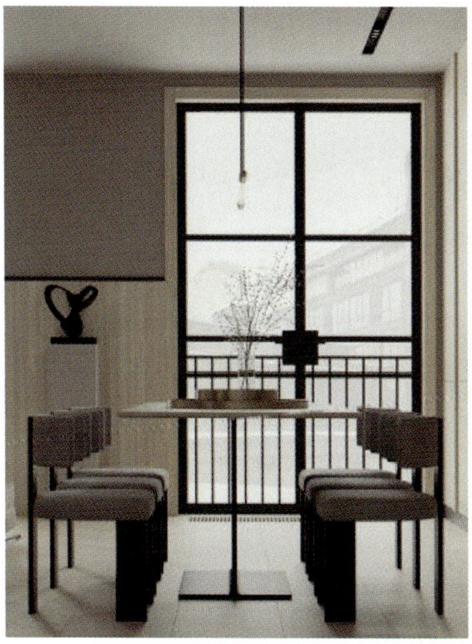
图 1-9　结构运用

3. 美观与经济

设计师塑造的产品与空间应与观众、使用者定义该产品和空间的目标相一致。这些理念应当是适宜且清晰的，并通过各种设计手法有效地表达空间产品的形式、形状、色彩、质感、肌理等。只有如此，观众、使用者才会和设计师在同一个深度上理解室内设计，并在视觉及使用上感到满意。如图1-10和图1-11所示。

图 1-10　餐厅

图 1-11　卧室

知识点二、室内设计的原理

室内设计需要遵循一些基本的设计原理，以保证设计方案的美观大方，具体的设计原理有以下几个方面。

1. 平衡

平衡是力与力之间达到均衡的状态，人们往往觉得平衡的空间舒适、安宁，所以对于设计师来说，获得空间的平衡是很重要的。在室内设计的平衡中，我们采用了视重的概念。一般来说，视重是有规律可循的。一小点鲜艳的色彩可以和一大片灰暗的区域达到平衡；一幅精致的绘画和一片面积很大的墙面可以达到视觉平衡；一小块木饰面可以和大面积的透明玻璃一样“重”。以下是平衡的常用表达方式。

(1) 对称平衡：即两侧相等、正规的平衡。自然界中有许多这种对称的平衡，如人的身体、树叶等。许多人工环境，如建筑、室内、陈设品，也表现出对称平衡，呈现宁静和谐的美。

(2) 不对称平衡：物体的受力达到均衡但不对称，可通过形状、尺度、色彩、肌理、明亮等方面来达到平衡。这种平衡方式富有动感，能带来视觉兴奋，传递出自由、灵活、有个性的美。

(3) 辐射平衡：即设计元素环绕一个中心，向外辐射出去的一种平衡。辐射平衡在环境中无处不在。如水面上的涟漪、碟碗、吊灯、织物纹样、建筑平面。它们有一种静态美，与棱角分明的物体形成强烈的反差。

三种平衡方式的示例如图 1-12～图 1-14 所示。

图 1-12　对称平衡

图 1-13　不对称平衡

图 1-14　辐射平衡

2. 节奏

节奏是设计的第二大重要原理，节奏的应用可以使室内空间产生统一性和多样性。节奏常用的四种表达方式分别是重复、渐变、过渡和对比。每一种表达方式运用得当，都能美化室内外环境。如图 1-15～图 1-18 所示。

3. 强调

强调是在注重整体协调的同时，采取一定手段，强化重要的部分，让其在空间中起到画龙点睛的作用。具体运用时，设计师可以根据空间元素的重要程度，通过色彩、尺寸、材料的选择分别给予相对应的表现方式，或强调或弱化。空间中一块鲜艳的地毯、一幅夸张的油画、一组醒目的座椅、一个别致的灯具都可成为强调的重点。如图 1-19～图 1-22 所示。

图 1-15 重复

图 1-16 渐变

图 1-17 过渡

图 1-18 对比

图 1-19 局部强调

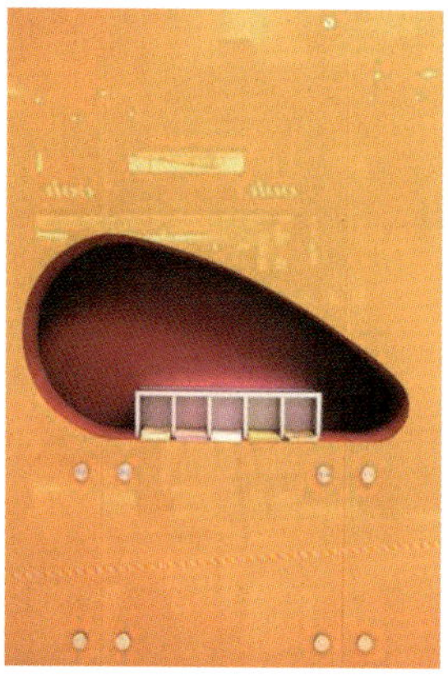
图 1-20 色彩强调

图 1-21 造型强调

图 1-22 装饰强调

4. 比例

比例是用来衡量事物尺寸和形状的标准，它强调的是空间与人体、空间与空间、空间与陈设之间的相对尺度。通过合适的对比，可以获得室内空间的舒适感。好的比例，如希腊的黄金分割比例，会让人身心愉悦；而相反，若在低矮的室内堆放高大的家具，空旷的空间摆放小型的盆景，则可能产生笨拙或滑稽的效果。如图 1-23～图 1-26 所示。

图 1-23 造型比例

图 1-24 体块比例

图 1-25 材质比例

图 1-26 色彩比例

二维码 1-2

5. 和谐

任何一个好的室内设计，必定是和谐的。所谓和谐，是指设计元素之间协调统一，且表现出一定的多样性。室内环境与建筑可以通过一些基本特征，如相同的图形、相似的色彩、相近的材质、一致的风格等，来形成各功能区之间的相互呼应，从而产生室内环境的统一性。而环境的多样性，则是在统一的基础之上强调对比和变化，通过增加一些图案、色彩、质地和细节，来丰富空间形态，提高室内空间层次感。如图 1-27～图 1-30 所示。

图 1-27　色彩和谐

图 1-28　装饰和谐

图 1-29　材质和谐

图 1-30　质地和谐

项目总结

本项目旨在通过讲解室内设计的基础知识，培养学生深厚的爱国情感和中华民族自豪感，以及创新思维和全球视野，使中国传统风格文化意义在当前时代背景下得到很好的诠释。学生通过系统学习相关知识，可掌握效果图设计的流程、参数设置，以及一些技巧和方法；通过运用不同的设计原则与原理，学生能够让效果图呈现出全新的样貌，充分理解中国传统文化的清雅含蓄和端庄丰华，充分考虑不同灯光层次、颜色之间的融合，以及材质和灯光之间的组合，可以让效果图的表现风格、表现技法和设计理念得到充分体现。

项目拓展

1. 后续深入学习室内设计的原则与原理，可以更好地表现效果图的美感。
2. 对室内灯光的照明方式进行研究，把设计理念融入效果图表现中。
3. 收集各种风格的室内设计素材，有利于拓展学生的审美和鉴赏能力，为后续的设计提供有效保障。
4. 学生可对室内设计理念、设计主题、设计分析、设计构思等内容进行拓展练习。

项目二

轻奢风卧室空间室内设计表现

任务一　轻奢风卧室空间室内设计表现任务书
任务二　轻奢风卧室空间结构建模
任务三　轻奢风卧室空间材质设置
任务四　轻奢风卧室空间灯光设置
任务五　轻奢风卧室空间渲染设置
任务六　轻奢风卧室空间后期效果调整

卧室空间设计表现是室内设计表现的入门环节。虽说卧室空间尺度不大，功能相对简单，但它却充分体现了“麻雀虽小，五脏俱全”的特点。室内设计表现涵盖了设计方法和过程、设计内容与表达、项目管理等，这些在卧室空间设计表现中都有所体现。

项目导入

巨凝·金水岸位于城市核心位置，本项目案例是该小区大户型空间的一个卧室。设计师与客户沟通后，了解了客户的特点与要求，包括家庭人口、年龄、性别、个人爱好、生活习惯、喜好的颜色等。客户为40多岁的女性，喜欢现代轻奢风，轻装修、重装饰，注重整体的协调、合理与实用、环保、功能完备，选择灰色调木饰面，偏好硬朗的整体设计风格。

学习目标

1. 知识目标

(1) 掌握空间的建模与模块的导入，完善空间场景。

(2) 了解卧室空间设计风格、设计思路、设计定位等要素之间的联系，思考和分析项目本身的特点和详细表现思路，并通过计算机辅助设计软件将其具体呈现。

(3) 掌握室内装饰工程基础、行业法规等基本理论知识，能准确合理地把握项目的流程和关键参数。

(4) 掌握计算机辅助设计软件的基本操作原理、插件 VRay 渲染器命令和渲染流程。

2. 能力目标

(1) 具有探究学习、分析和解决卧室空间关键设计要素问题的能力，具有良好的语言、文字表达能力和沟通能力。

(2) 具有使用计算机辅助设计软件进行结构建模、材质设置、灯光设置、渲染设置的综合设计能力。

(3) 掌握室内设计类方案效果图的绘制技能，达到设计公司要求的职业绘图能力。

3. 素质目标

(1) 通过对室内空间效果图布置进行优化和敲定，形成良好的室内装饰设计师职业素养，提高设计的审美和人文素养，增强文化自信。

(2) 通过设计虚拟情境，强化方案的真实体验，解决社会热点，强化人文关怀，弘扬尊老爱幼的中华传统美德。

(3) 培养能够理解设计图纸标准、制图规范和图纸质量要求的职业素质。

项目任务分解

同一家庭不同成员对室内设计的需求不同，作为设计师，要了解每一个人的特殊需求和爱好，确定设计的功能目标，在拿到一个表现项目后，应对模型的完整度、材质的设置、灯光的布局等有大致的了解，再对项目背景及设计师的设计理念进行步骤分解，这样一来，在制作效果图时思路才会更清晰明了。设计步骤包括结构建模、材质设置、灯光设置、渲染设置、后期效果调整等内容。

任务一　轻奢风卧室空间室内设计表现任务书

知识点一、设计课题分析

1. 设计课题：轻奢风卧室空间室内设计表现

本课题属于简单空间的设计课题，其设计目的是让学生对室内设计表现有初步了解，掌握基本的设计方法，对设计风格和流派有所认识，为今后全面展开设计表现做好准备。

2. 设计理念

以人与自然为本，倡导生态设计的理念，体现环境保护与可持续发展的生态艺术设计，强调居住文化，创造符合人的使用功能需求、视觉审美的居住环境。

3. 图纸表达

(1)3ds Max 原文件。

(2) 渲染图。

(3) 通道图。

(4) 最终效果图。

4. 课时建议

第1～4学时：完成结构建模。第5～8学时：完成材质设置。第9～12学时：完成灯光设置。第13～14学时：完成渲染设置。第15～16学时：后期效果调整。

知识点二、设计的依据、要求与特点

1. 家居空间室内设计的依据

现代室内设计考虑问题的出发点和最终目的都是为人服务，是“设计生活”，满足人们生活、生产活动的需要，为人们创造理想的空间环境，使人们感受到关怀和尊重。确定的室内空间环境能启发、引导甚至改变人们活动于其间的生活方式和行为模式。通过家具布置、灯光设计、陈设选用，能够设计出一个实用、美观、舒适、生机勃勃的居家环境。

为创造出理想家居室内空间环境，设计师必须了解室内设计的依据与要求，并熟知现代家居室内设计的特点和发展趋势。通常，人们在家居空间中活动的时间比例相对较大，家居空间与人们的关系最密切，因而人们对家居空间的要求也就越高。家居空间的组成实质上是由家庭活动的性质空间构成，范围广、内容杂。归纳起来，家居空间大致可分为两种性质空间。

(1) 群体活动空间，是以家庭公共需要为对象的综合活动场所，是家人、朋友共聚的空间。一方面，它成为家庭生活聚集的中心，另一方面，它是家庭与外界交际的场所。在这类室内空间中，人们可以适当调整身心，陶冶情趣，沟通感情。门厅、客厅、餐厅、健身室和家庭厅等均属这类空间，如图2-1～图2-6所示。

(2) 私密性空间，是为满足家庭成员的个体需求，使家庭成员之间能在亲密的前提下保持适度的距离，维护家庭成员必要的自由和尊严，解除精神负担和心理压力，获得自由抒发的乐趣和自我表现的满足，避免无端的干扰，进而促进家庭和谐的场所。私密性空间包括卧室、书房、卫生间等空间，如图2-7～图2-10所示。

图 2-1　门厅

图 2-2　客厅 1

图 2-3　餐厅 1

图 2-4　家庭厅

图 2-5　休闲厅 1

图 2-6　休闲厅 2

图 2-7　卫生间 1

图 2-8　更衣间

图 2-9　卧室 1

图 2-10　书房

二维码 2-1

2. 家居空间室内设计的要求

(1) 合理的室内空间组织和平面布局,符合使用要求的室内声、光、热效应,以满足室内环境物质功能的需要。

(2) 优美的空间构成和界面处理,宜人的光、色和材质的配置,符合建筑物性格的环境气氛,以满足室内环境精神功能的需要。

(3) 合理的装修构造和技术措施,合适的装修材料和设备设施,使其具有良好的经济效益。

(4) 符合安全疏散、防火、卫生等设计规范,遵守与设计任务相适应的有关定额标准。

(5) 能够适应室内功能调整、装饰材料和设备更新。

(6) 满足可持续性发展的要求,考虑室内环境的节能、节材、防止污染,充分利用和节省室内空间。家居空间的合理设计示例如图 2-11～图 2-14 所示。

图 2-11　卧室 2

图 2-12　卫生间 2

图 2-13　客厅 2

图 2-14　休闲区

3. 家居空间室内设计的特点

(1) 对人们身心的影响更直接、更密切。人的一生中大部分时间是在室内度过的,而在室内度过的这部分时间中又有绝大部分是在家居空间中度过的。这是人生中最放松、最自我、最原本的时间段。此时,空间与人的关系最为密切,空间环境的优劣必然更加直接地影响到使用者的健康、安全、舒适度和办事效率等。家居空间的大小、形状,室内界面的图案、色彩等,都会给使用者的心理、生理以较长时间、较近距离的影响。家具、陈设等可接触的配置物也以同样的原因要求设计师尽量深入细致地考虑到长时间密切接触对人们身心健康的影响。

(2) 对室内环境的构成因素考虑更周密。家居空间整体面积虽然较小,但使用频率高、与使用者接触密切、功能要求相对复杂、使用者的要求更加具体和有针对性,所以,实际操作过程中,要求设计师更加缜密地考虑室内光环境、室内色彩配置、室内材料选择与使用、室内温度与湿度、室内声环境等构成因素。

(3) 较为集中、细致、深刻地反映了设计美学中的空间形体美、功能技术美和装饰工艺美。家居空间、相关界面、室内家具、灯具、陈设等从造型、色彩、工艺等方面,都是相互关联、彼此呼应的,它们既体现设计师的设计水平,也反映家居主人的审美层次与品物修养。

(4) 室内功能的变化、材料与设备的老化和更新更为突出。室内设计与时间因素的关联越来越紧密,更新周期趋短,更新节奏趋快。这要求设计师综合考虑每一具体案例的未来发展趋势,运用动态设计的观念进行前瞻性设计。

(5) 具有较高的科技含量和附加值。家居空间中设施设备、电器通信、新型饰材、五金配件等的科技含量越来越高，其附加值也随之增加，这为室内设计增加了更多挑战性与可能性。如图 2-15～图 2-18 所示。

图 2-15　餐厅 2

图 2-16　餐厅 3

图 2-17　软装

图 2-18　卫生间 3

知识点三、家居空间室内设计分析

1. 家居空间室内设计的照明

随着社会的进步，人们生活水平的提高，灯光照明在室内空间中的作用与日俱增，照明设计已成为室内设计的重要组成部分。无论是照明设计理念还是照明设备都发生了很大的变化。新的设计思想强调以人为本的人性化设计，以满足人们提出的环境优美、亮度适宜、空间层次感强、立体感丰富等多个层面的要求。同时，注重艺术性、文化品位和特色。照明不再是传统意义上的单纯把灯点亮，而是要用灯光这种特殊“语言”创造赏心悦目的艺术气氛。照明全方位的发展，改变了人们以往的观念，如反射式照明一直因效率低、不节能而被弃之不用。近几年，国外反射式照明技术迅速发展，以全新的形式出现，而且造型美观新颖、光线合理、照明效果好，并体现出现代化的特质，因而被广泛采用。这是照明新理念发展的结果，它改变了照明工程的面貌。

照明对人们的生活具有十分重要的意义，兼具功能性和艺术性。它可以保证饮食起居、文化娱乐、工作学习、家务劳动等的正常进行，同时，它也因其美丽的造型、丰富的色彩、绚丽的图案和立体迷幻的层次为人们烘托渲染出舒适的环境氛围。

(1) 合适的照度。由于功能的不同，家居空间的各个部分对照度的要求也不一样，家居照明还应考虑不同年龄段使用者的需求。

(2) 适当的亮度分布。家居房间不仅功能多，房间的大小差别也大。要创造一个舒适的灯光环境，各处的亮度不宜均匀分布，亮度分布均匀会令人感到单调不舒服，空间美感不足。要注意主要部分与附属部分亮度的平衡。对较小的房间可采用均匀照度；而对于较大的房间，如果只在中间设一个向下照的灯具，就会使人感到房间变小，若在墙壁上加上壁灯，就可以消除这种感觉，有增大生活空间的效果。卧室需要较低的亮度，使人感觉宁静、舒适。为了提高休息舒适度，卧室天花板的亮度可以比墙稍暗。

(3) 光线色调的应用。光线有冷色调、中性色调和暖色调之分。冷色调适合阅读、家务劳动；暖色调适合用餐、欣赏音乐、看电视等。在同样的照度下，浅色格调的光线亮度较高，深色格调的光线亮度较低。因此，暗色调的室内应用充足的光线来补偿。

(4) 利用灯光创造空间和氛围。灯光会影响人的情绪，通过光源和灯具的合理选配，可以创造非常完美的光和影的世界。在创意完美的灯饰环境下，人们虽身住室内，有时却宛如置身于星斗满天、璀璨闪烁的夜空之下；有时又幽暗、深远，引发人们思古怀旧之情；更多的是温馨、明亮、典雅瑰丽，让人如沐春晖。

(5)绿色照明。在家居照明设计中，应注意节能，不宜一律选用耗能较高的白炽灯，应广泛采用紧凑型荧光灯和节能型灯具。适当选用调光器，可灵活地对灯进行控制，以利节能。

(6)电器设施应留有裕度且便于维修。由于人们生活水平在不断提高，家电数量也日益增多。在选用进户线截面时，应留有一定的宽裕度。照明灯具和配电线路的敷设应该注意使用安全，避免事故。电能表箱一般分户设置，除家属院外，最好在底层设总电能表。

家居照明示例如图 2-19～图 2-22 所示。

图 2-19　气氛照明

图 2-20　主体照明

图 2-21　局部照明

图 2-22　自然光照明

2. 家居空间室内设计的材料选择

目前，在装饰材料市场空间繁荣、装饰材料种类繁杂的情况下，装饰材料的选择应该结合家居空间的特点、环境条件、功能性、装饰性、经济性、耐久性等几个方面来考虑。

地域性是影响装饰材料选择的一个重要因素。家居所在地域的气候条件，尤其是温湿度变化，对于室内装饰材料的使用影响很大。例如，常年多梅雨地区的家居空间，就尽量不要选用织锦缎装饰墙面，否则容易出现墙面发霉的现象；北方常年干燥地区的家居空间，就尽量不选用竹制品进行界面装饰，以免竹制品干燥后产生裂缝，破坏设计效果甚至对使用者造成潜在威胁。

家居空间中的墙面、地面、客厅、书房等不同的位置与空间对装饰材料的要求及对施工方法的影响是不同的，这要求装饰材料与施工工艺的选择应该有相应的针对性。例如，卫生间里尽量不要使用涂料，水蒸气会导致涂料类饰材鼓泡、剥落；卧室空间中多选择表面肌理细腻、具有亲和力的饰材，有利于避免视觉强刺激，营造温馨的空间格调。除了要考虑这种技术性的要求，还要考虑非技术性的一面，即考虑人的视平线、视角、视距的影响。对于不同的装饰材料的精细程度及施工精度，应提出不同的要求或标准，而不能简单化、单一化。家居材料选择示例如图 2-23～图 2-26 所示。

图 2-23　玻璃材质

图 2-24　织物材质

图 2-25　金属材质

图 2-26　木材质

3. 家居空间室内设计的界面处理

建筑对于人类，更具有价值的并非围成空间的实体外壳，而是空间本身。外壳只是手段，内部空间才是最终目的与结果。虽然人们利用各种物质材料和技术手段构筑了房屋、广场、街道、城市，直接需要的却是它们所限定和提供人们使用的各种空间。由这些空间来容纳人、组织人、影响人和感染人，空间才是建筑的主角。实体和虚体的形态是一个有机的整体，两者相互依存，人们不仅可以感受到实体形态的厚实凝重，也会感受到虚体空间的流转往复，回味无穷。对于实体形态，如墙体、地面等界面及家具、陈设、绿化等，人们的感觉产生于它的外部；对于虚体的形态，由于是不得触知的存在，人们的感知产生在实体之间。所谓"虚"，是指实体之间的间隙，是不包括实体在内的"负的空间"。它依靠积极形态相互作用而成，由实的形体暗示而感知，是一种心理上的存在，需要大脑思考、联想而推知，这种感觉时而清晰，时而模糊。室内空间可以根据其构成特征，分为不同的类型。

(1) 固定空间：一般由固定不变的界面构成、功能明确、具有围合特点的空间称为固定空间，它基本确定和适应空间的使用要求，也称为第一次空间。例如，家居室内空间中的厨房、卫生间等。

(2) 可变空间：以固定空间为基础，设置可变的空间界面，以便适应灵活的空间使用要求的空间称为可变空间，又称为第二次空间。

(3) 实体空间：用限定性强的围护实体作为界面，具有很强独立性的空间称为实体空间。

(4)虚拟空间：通过多种虚拟的方式构成对人的心理暗示与想象的空间称为虚拟空间，也称为心理空间。与虚拟空间相类似的还有虚幻空间，在室内可通过镜面、投影等物质技术手段来产生空间扩大的视觉效果，这实际是一种虚幻空间的创建。

(5) 开敞空间：界面具有开敞性的空间称为开敞空间。开敞空间与室外环境有较强的交流与渗透。

(6) 动态空间：具有动态设计因素，具有空间的开敞性和视觉的导向性，具备使用性与心理性动感的空间称为动态空间。该类型空间的界面组织具有连续性和节奏性，空间结构形式富有变化性和多样性。

(7) 静态空间：形式较为稳定，其界面常采用对称式或垂直、水平界面手法处理。空间构成较为单一、清晰、封闭。

室内空间具有肯定性与模糊性的特点。界面清晰、范围明确、具有领域感的空间称作肯定空间，卧室、卫生间等空间大都属于这一类空间。空间与界面似是而非、模棱两可的空间常称作模糊空间。鉴于模糊空间的不定性、灰色性、多义性等特点，它多用于空间的过渡、联系和引导等。

界面处理的示例如图 2-27～图 2-30 所示。

图 2-27　墙面处理

图 2-28　地面处理

图 2-29　顶面处理

图 2-30　隔断处理

4. 家居空间室内设计的空间组织

室内空间的组合,从某种意义上讲,就是根据使用目的,对空间在垂直和水平方向上进行各种各样的分割和联系,通过不同的分割和联系方式,为人们提供良好的空间环境,满足不同的活动需要,并使其达到物质功能和精神功能的统一。

过渡空间是根据人们日常生活的需要提出来的。家居空间中的玄关就是过渡空间。它让人们在进入家居中的时候有一个小小的缓冲带,可以在那里更换鞋子、挂外套或雨伞。过渡空间在各种空间之间起到桥梁、媒介的作用,在功能和艺术创作上,它有其独特的地位和作用。室内空间的组织可以概括为以下几个方面。

(1)室内各功能空间所需要的面积与形状。

(2)室内各功能空间之间的序列关系。

(3)室内空间流线的安排。

(4)室内空间的调整、利用。

(5)室内空间内含物的安排。

(6)室内空间的构图形式。

二维码 2-2

任务二　轻奢风卧室空间结构建模

知识点一 、卧室空间主体结构创建准备

1. 创建要求与重点

(1)编辑多边形建模和二维线形挤出建模,比例真实合理,面片简约、省时高效,符合 VRay 渲染器对模型的要求。VRay 渲染器作为 3ds Max 软件的插件出现以后,3ds Max 渲染出的效果图变得更加完美逼真,而且在灯光的位置布局、参数调整方面大大降低了技术难度,节约了时间。看似苛刻的建模精度要求,实际上有利于效果图绘制者尊重现实空间,避免千篇一律,便于有针对性地分析、研究、表现空间,也有利于与其他渲染软件交流文件。

(2)运用 Adobe Photoshop 软件创建所需材质并导入 3ds Max 软件中。应用【材质 / 贴图浏览器】给赋指定的三维物体,配合【UVW 贴图】等命令为物体的贴图设定坐标。

(3) 3ds Max 软件中,灯光的创建与调整、摄像机的创建与调整、VRay 渲染器的设置与调整、渲染输出路径与参数的设置。

(4)渲染图在 Adobe Photoshop 软件中的后期处理技术。

(5)家居空间看上去好像很小,用 3ds Max 绘制家装效果图似乎不难,可它与每一个居住其中的人的具体生活息息相关,是人最密切、最熟悉的空间,所以要想形神兼备、合理适用地描绘出它,并使客户受到感染,产生共鸣,也实非易事。

2. 空间创建前期准备

(1)按 F10,在弹出的【渲染设置】对话框中选择【渲染器】栏,选择渲染器 VRay 6 Hotfix1【VRay6.1 版】选项,选择指定渲染器。

(2)最初室内空间结构的创建方式依据绘制者现有的相关资料确定。有现成的 Auto CAD 文件最好,可以稍作调整后将其导入利用,如图 2-31 所示。

(3)调整现有的 Auto CAD 文件,使其简化。删除结构创建表现时所不需要的东西,如图中的图框栏、尺寸标注线及符号、文字说明和在表现图绘制范围以外的部分图样等,整理后的 Auto CAD 文件应重新命名并单独保存,如图 2-32 所示。

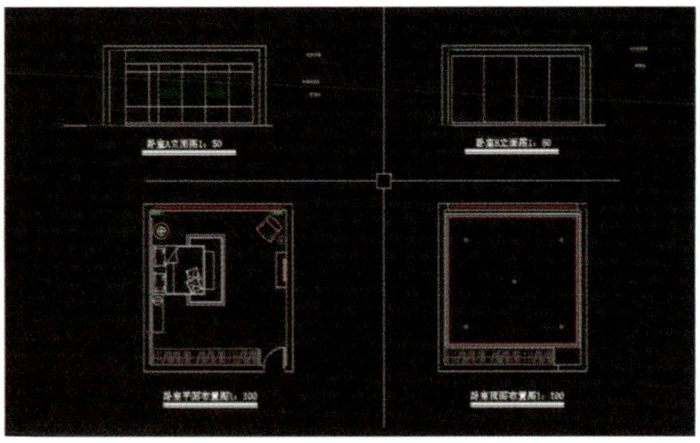

图 2-31

图 2-32

(4)在 3ds Max 中,单击菜单【自定义】下的【单位设置】,在弹出的对话框中选择【显示单位比例】下的【公制】为【毫米】,选择【系统单位设置】下的【1 单位 =1.0 毫米】,如图 2-33 所示。

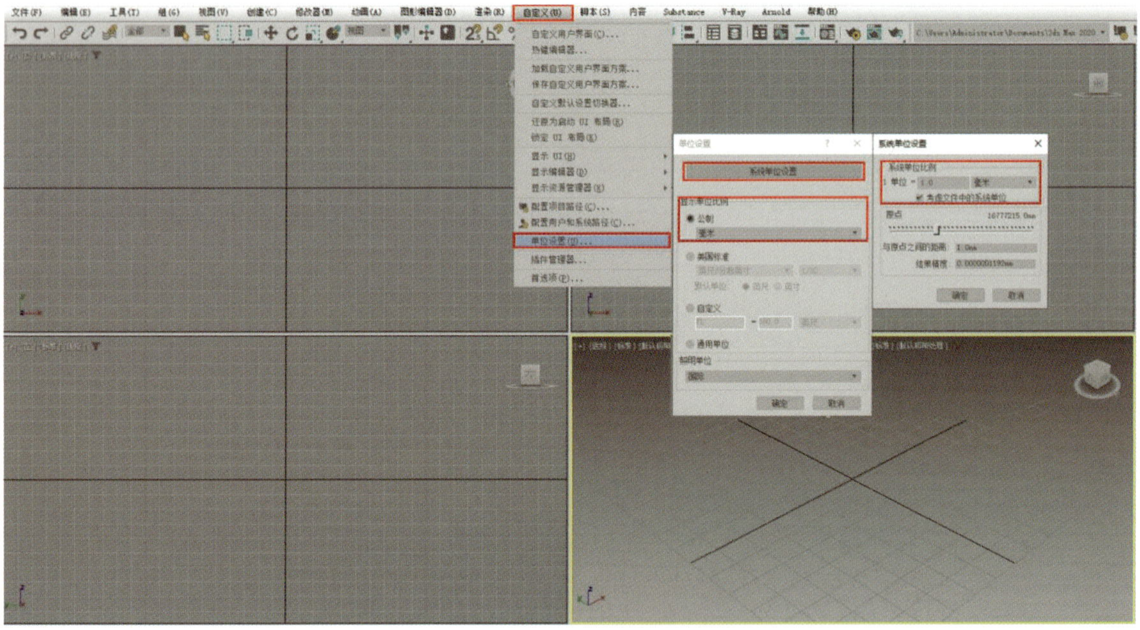

图 2-33

(5)在【文件】下拉列表中选择【导入】下【导入】命令,在弹出的对话框中将文件类型设定为 AutoCAD(*. DWG),然后找到刚刚修改完的 CAD 文件(卧室平面),将其导入,相继还会弹出几个对话框,依次单击默认选项即可,如图 2-34 所示。

(6)把墙体用同样的方法导入,然后点击【旋转】按钮(点击右键可进行输入数值的旋转),在【左】视图中沿 Z 轴旋转 −90° ,在【顶】视图中沿 Z 轴旋转 90° ,如图 2-35 所示。

(7)右键点击【捕捉】按钮,在弹出的【栅格和捕捉设置】对话框中启用【顶点】和【端点】选项,如图 2-36 所示。

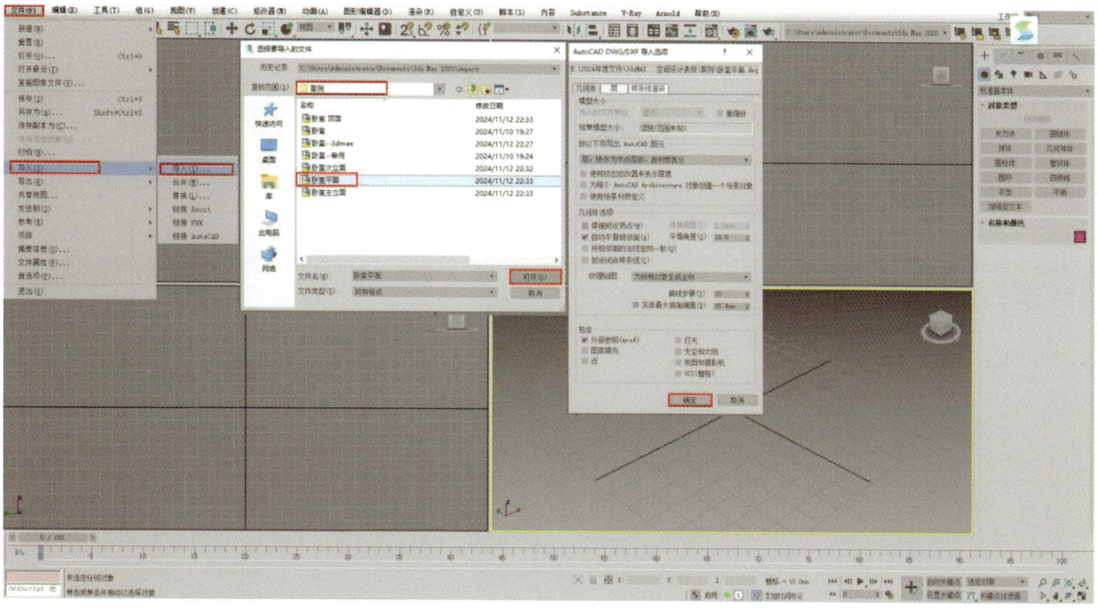

图 2-34

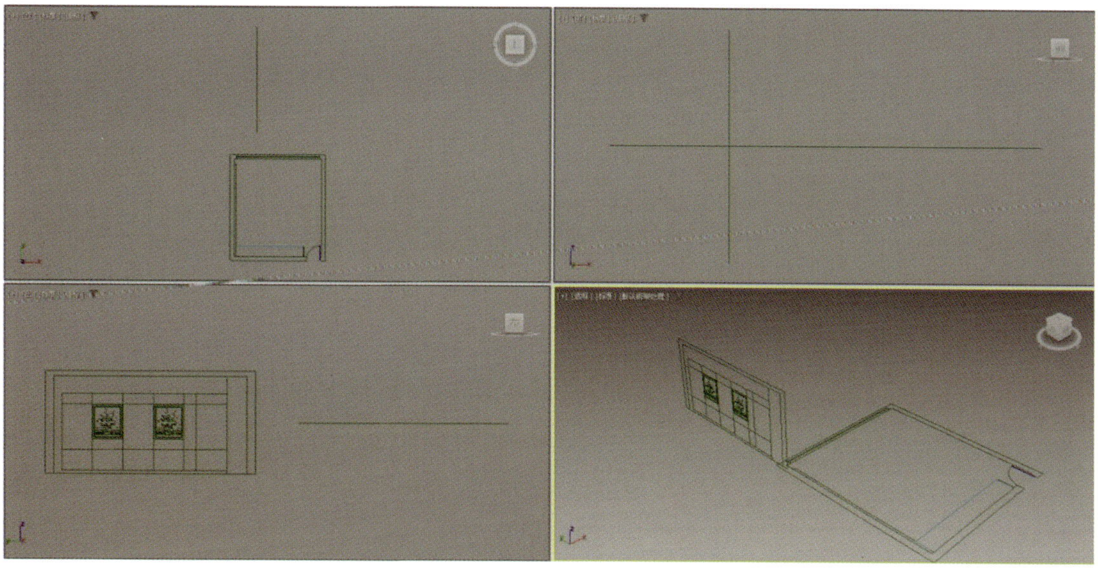

图 2-35

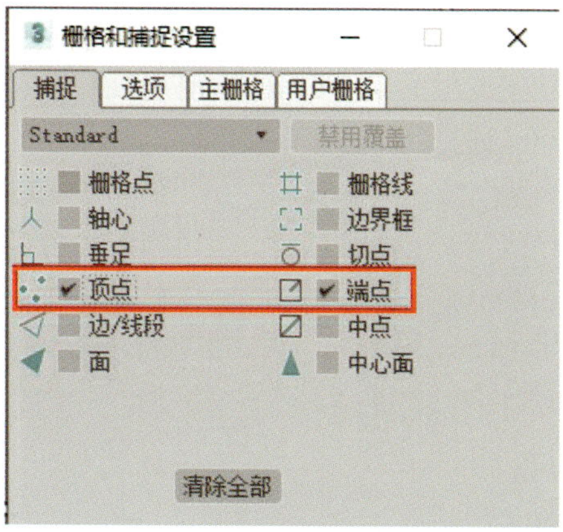

图 2-36

二维码 2-3

(8) 激活【透视】视图，按【ALT+W】键或者点击屏幕右下方的【最大化视口切换】键，将【透视】视图最大化显示。单击【移动】按钮，捕捉卧室主立面图形的顶点，然后按住鼠标左键移动卧室主立面，使其与卧室平面图的边界相交，如图 2-37 所示。

(9) 用同样的方法分别把次立面和顶面导入场景，并且完成位置的旋转和捕捉对齐，最终效果如图 2-38 所示。

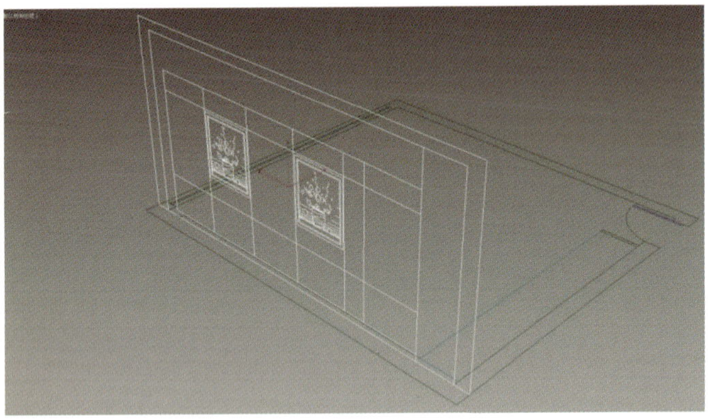

图 2-37

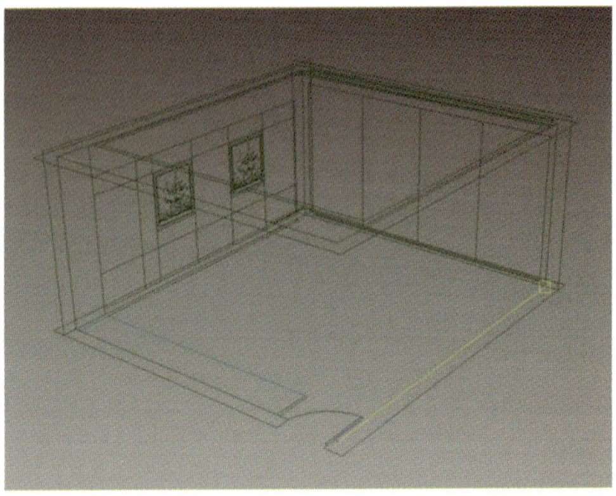

图 2-38

知识点二、卧室空间主体结构创建

1. 结构框架创建

(1) 在任意窗口中，选中【卧室平面】，在视图中点击右键，选择【隐藏未选定对象】，隐藏其他线型，再点击右键，选择【冻结当前选择】，如图 2-39 所示。

(2) 右键点击工具栏中的【捕捉】按钮，在弹出的对话框中勾选【捕捉】选项下的【顶点】和【选项】下的【捕捉到冻结物体】，关闭对话框。应用捕捉顶点的方式来重描卧室的平面线，既快速又准确，线条的起点与终点相遇时会有对话框弹出，一定要点击 是(Y) 按钮，使线条成为闭合的曲线，如图 2-40 所示。

图 2-39

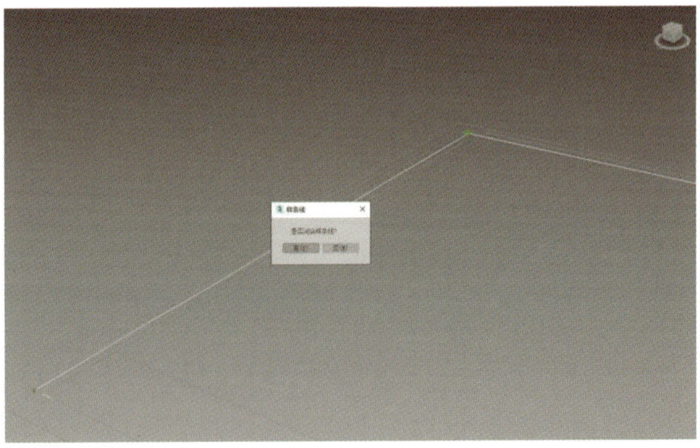

图 2-40

(3) 在修改命令面板给墙体线指定【挤出】命令。设定【数量】值为【2800】。

(4) 在修改命令面板给墙体线指定【法线】命令，在【参数】面板下选择【翻转法线】，将物体进行法线翻转，定义命名为卧室。

(5) 点击【创建】按钮，选择【摄像机】，再点击【目标】摄像机按钮。在【顶】视图中创建一部摄像机，并在【前】视图中调整高度位置、设置好镜头数值，最终效果如图 2-41 所示。

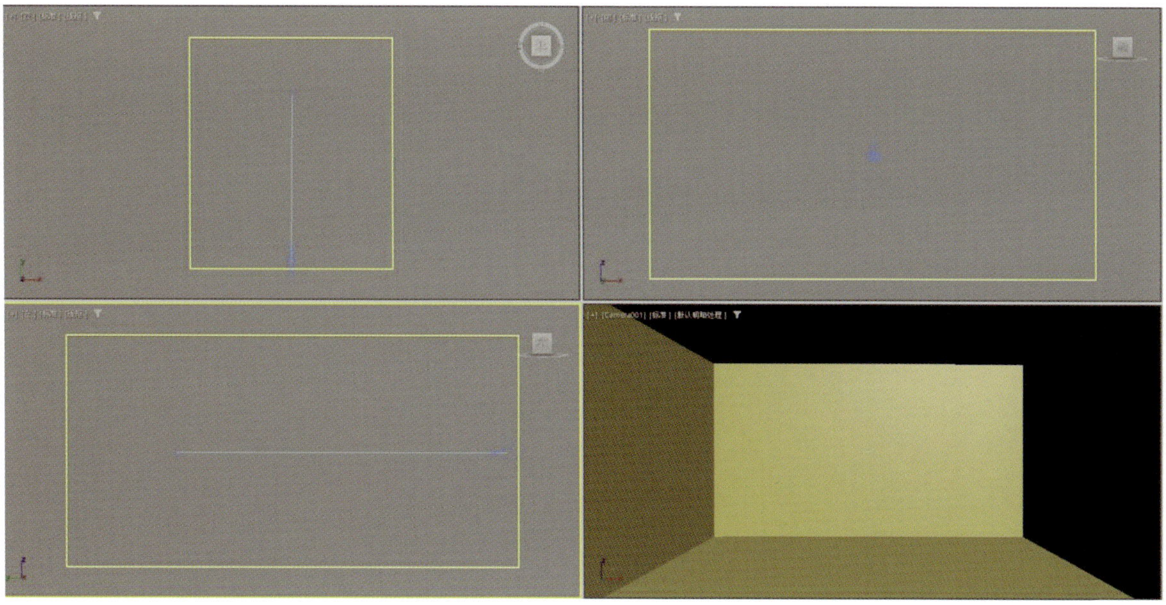

图 2-41

(6)从图 2-41 的摄像机视图与用户视图中可以看到，整体空间的框架已经被合理地搭建起来。用户视图中向外的面还看不到，这是法线被翻转后全部向内的原因。

二维码 2-4

2. 卧室空间各界面创建

(1)制作窗户立面。

①选中卧室，在修改面板中选择【编辑多边形】，在【编辑多边形】面板下选择【多边形】选项，选中窗户墙体面，进行【分离】操作，定义为窗户。

②选择任意窗户，点击右键，选择【全部取消隐藏】，显示所有线型，选择窗户线型和窗户多边形，点击右键，选择【隐藏未选定对象】，如图 2-42 所示。

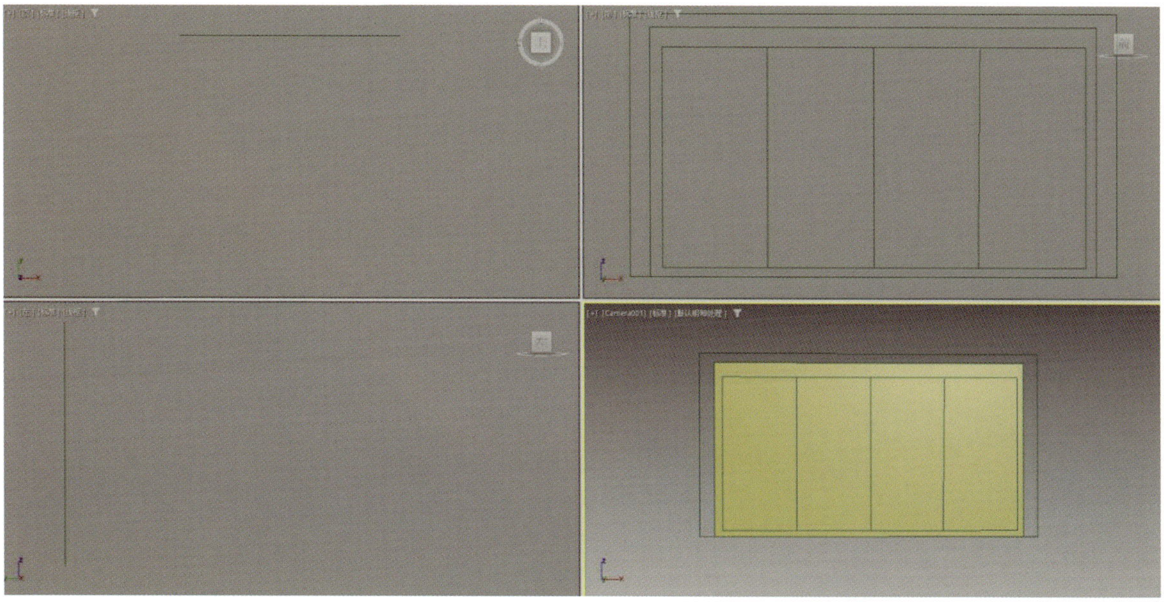

图 2-42

③选择窗户多边形，在【编辑多边形】面板下选择【边】选项，进行窗户的线段设置，框选两条垂直边线，

进行面板下的【连接】，在弹出设置中输入【2】，选择按钮，增加两条水平线段，如图 2-43 所示。

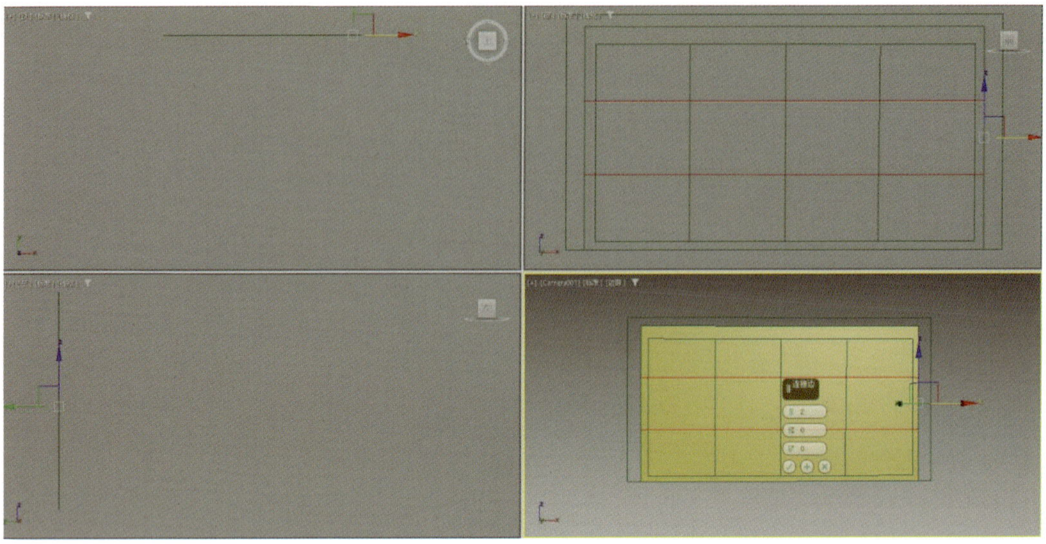

图 2-43

④框选四条平行线段，进行面板下的【连接】，在弹出设置中输入【2】，选择按钮，增加两条垂直线段。

⑤在【编辑多边形】面板下选择【顶点】选项，进行窗户的线段位置的移动，以窗户的洞口大小为准，切换到【多边形】选项下，选择窗户洞口内部位置，进行【挤出】操作，在弹出设置中输入【 －240】，并且删除该多边形，形成窗洞，如图 2-44 所示。

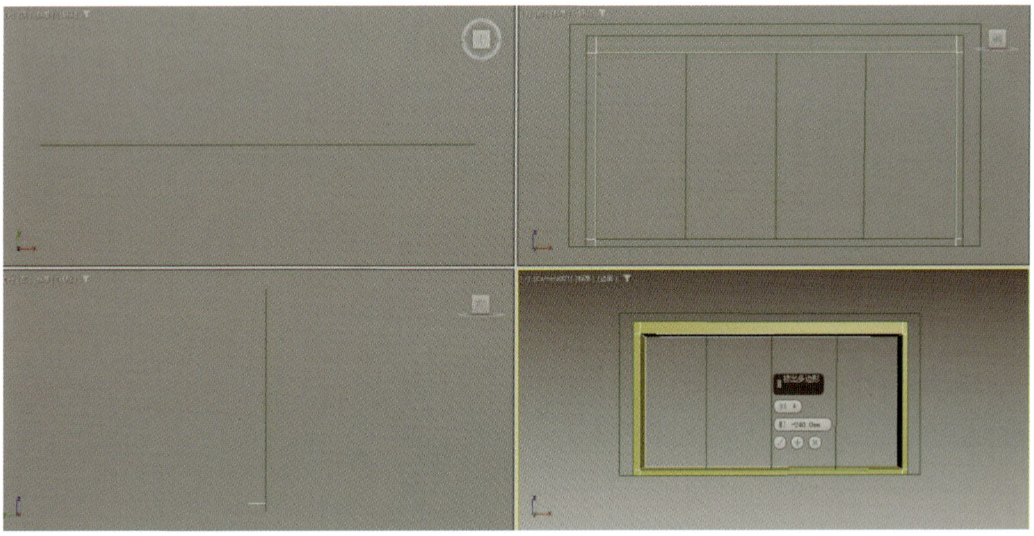

图 2-44

二维码 2-5

(2) 制作顶面。

①选中卧室，在修改面板中选择【编辑多边形】，在【编辑多边形】面板下选择【多边形】选项，选中顶面，进行【分离】操作，定义为顶。右键点击空白处，选择【隐藏选定对象】，留下顶面线型，并且冻结顶面线型。

②点击＋【创建】按钮，选择【图形】面板下的【线】，打开【顶点】捕捉，对顶面的层次进行线条描绘，闭合线条，修改命令面板给顶面线指定【挤出】命令，设定【数量】值为【 －120】，在【前】视图，将顶面沿着

【Y】轴移动【-80】,如图 2-45 所示。

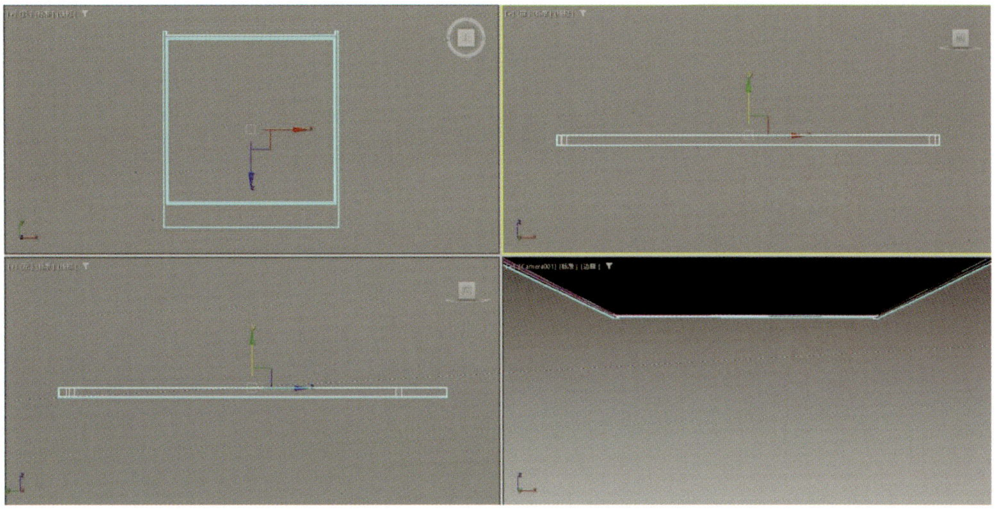

图 2-45

(3)制作卧室主立面。

①右键点击空白处,选择【全部取消隐藏】,选中卧室,在修改面板中选择【编辑多边形】,在【编辑多边形】面板下选择【多边形】选项,选中主立面,进行【分离】操作,定义为背景墙。右键点击空白处,选择【隐藏选定对象】,留下背景墙线型,并且冻结背景墙线型。

二维码 2-6

②单击+【创建】按钮,选择【图形】面板下的【矩形】,打开【顶点】捕捉,绘制背景墙,在修改命令面板给背景墙线指定【编辑多边形】命令,选择背景墙多边形,在【编辑多边形】面板下选择【边】选项,进行背景墙的线段设置,框选两条垂直边线,进行面板下的【连接】,在弹出设置中输入【4】,选择按钮,增加四条水平线段。

③框选六条平行线段,进行面板下的【连接】,在弹出设置中输入【8】,选择按钮,增加 8 条垂直线段,选择造型上下平行小线段,分别增加 2 条垂直线段,完善造型分割。

④在【编辑多边形】面板下选择【顶点】选项,进行背景墙的线段位置的移动,以卧室主立面线型参考为准,切换到【多边形】选项下,选择背景墙的【挤出】,在弹出设置中输入【-100】,选择背景墙大面多边形【挤出】,在弹出设置中输入【-20】,作为线槽深度,如图 2-46 所示。

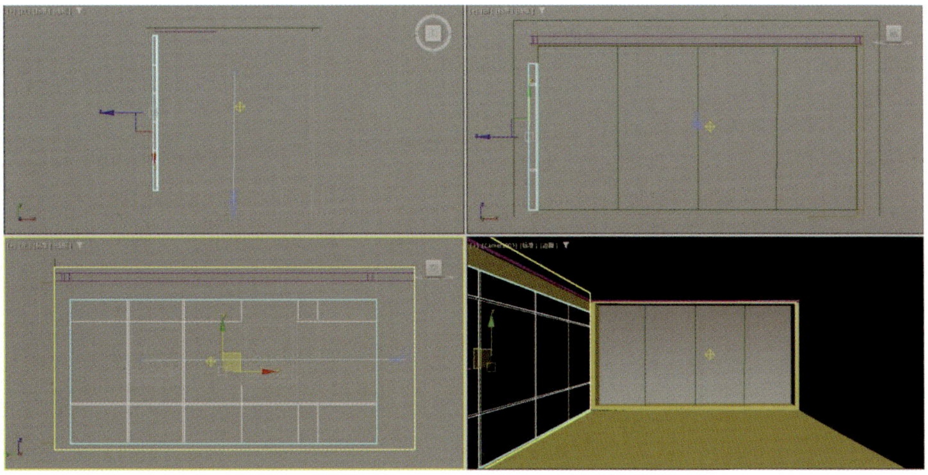

图 2-46

二维码 2-7

3. 卧室整体空间的完善

(1)在【文件】菜单下的【导入】中选择【合并】,将床、装饰画、吊灯、窗帘、家具、窗户等模块合并到场景,使场景符合设计要求。

(2)把相机移出模型,调整相机到合适的位置,利用相机面板中的剪切平面,使空间视图更加合理,如图 2-47 所示。

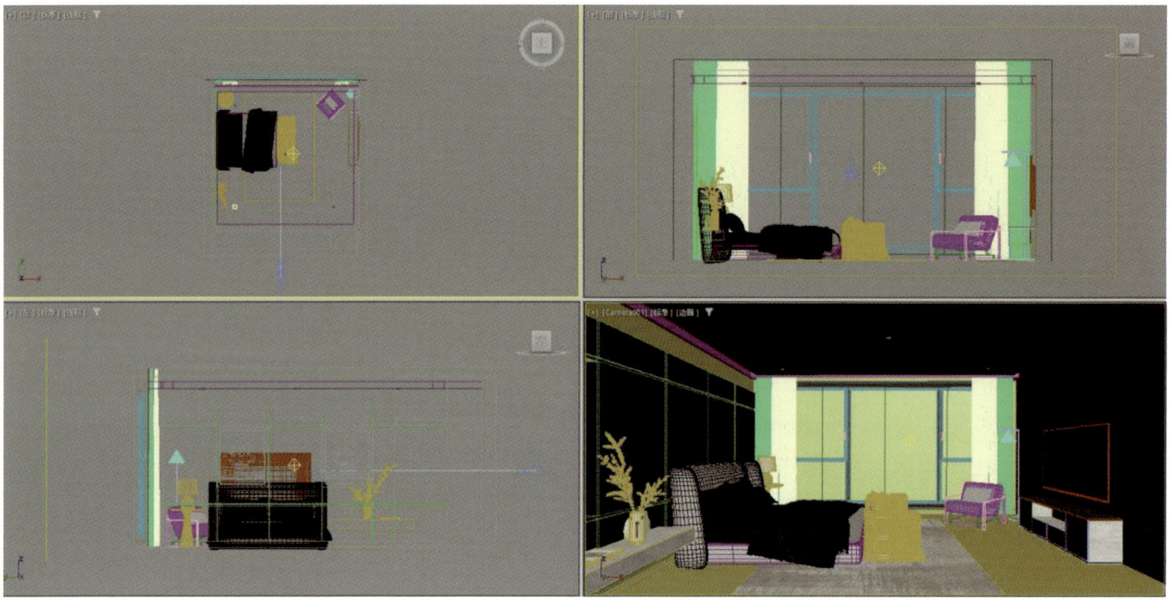

图 2-47

任务三　轻奢风卧室空间材质设置

通常物体建模完成后应该随时指定材质,以免物体越建越多后造成混乱。材质参数也许不能一次调节到位,但其大体的位置较好把握,逐渐调整出符合设想的效果。

知识点一、卧室空间整体材质设置

1. 墙体、顶面、吊顶材质设置

(1)打开材质编辑器,选择一空白材质球,命名为【乳胶漆】,设置材质类型为 VRay Mtl【VRay 材质】。

(2)在【漫反射】贴图通道里,颜色 RGB 值设置为【255,255,255】,其余参数保持默认。点击【将材质指定给选定物体】按钮,将材质指定给空间原始墙体、原始顶面、吊顶。参数设置如图 2-48 所示。

2. 地面材质设置

(1)打开材质编辑器,选择一空白材质球,命名为【地板】,设置材质类型为 VRay Mtl【VRay 材质】。

(2)在【漫反射】贴图通道里,贴一个壁纸的材质贴图,该贴图为"随书配套二维码 \ 项目二 \ 贴图 \ 木地板 .jpg"文件,用来模拟真实世界里木地板的纹理和颜色。在贴图面板【凹凸】通道里指定一个和漫反射通道一样的贴图,并将参数值设置为【30】,目的是让地面渲染出来的效果带有凹凸的纹理感。

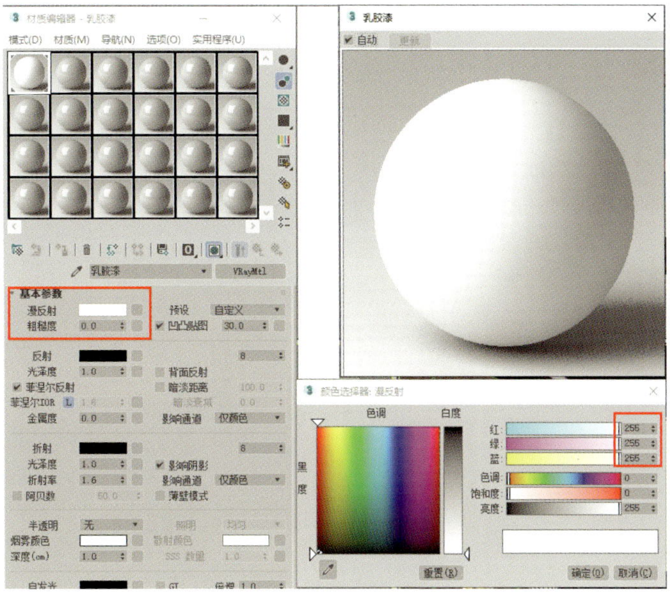

图 2-48

(3)颜色 RGB 值设置为【8,8,8】,【反射】贴图通道里设置 Falloff【衰减】贴图, Falloff【衰减】的前、侧 RGB 值分别设置为【0,0,0】【220,215,210】,衰减类型为【Fresnel】(菲涅尔)。参数设置如图 2-49 所示。

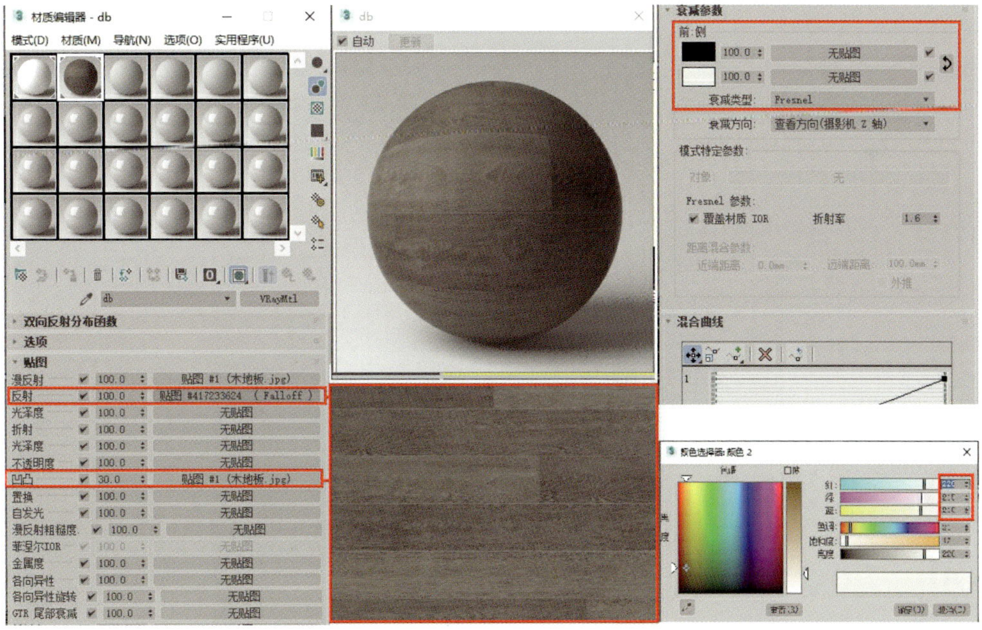

图 2-49

3. 背景墙材质设置

(1)打开材质编辑器,选择一空白材质球,命名为【背景木纹】,设置材质类型为 VRay Mtl【VRay 材质】。

(2)在【漫反射】贴图通道里,贴一个壁纸的材质贴图,该贴图为“随书配套二维码 \ 项目二 \ 贴图 \ 背景木纹色 .jpg”文件,用来模拟真实世界里木纹的纹理和颜色。在贴图面板【凹凸】通道里指定一个和漫反射通道一样的贴图,并将参数值设置为【30】,目的是让背景墙渲染出来的效果带有凹凸的纹理感。

(3)颜色 RGB 值设置为【8,8,8】,【反射】贴图通道里设置 Falloff【衰减】贴图, Falloff【衰减】的前、侧 RGB 值分别设置为【0,0,0】【236,233,230】,衰减类型为【垂直 / 平行】。参数设置如图 2-50 所示。

二维码 2-8

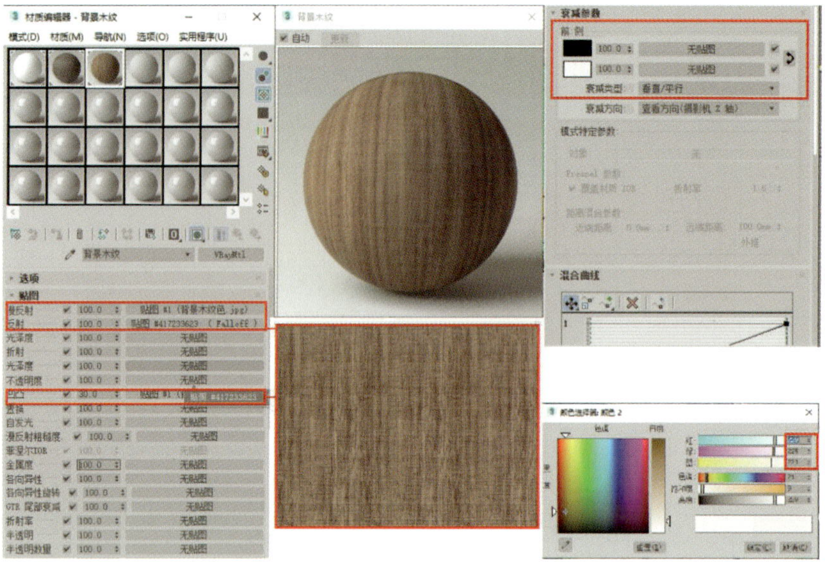

图 2-50

知识点二、卧室空间局部材质设置

1. 背景壁纸材质设置

(1)打开材质编辑器，选择一空白材质球，命名为【背景壁纸】，设置材质类型为 VRay Mtl【VRay材质】。

(2)在【漫反射】贴图通道里，贴一个壁纸的材质贴图，该贴图为“随书配套二维码\项目二\贴图\深色壁纸.jpg”文件，用来模拟真实世界里壁纸的纹理和颜色。在贴图面板【凹凸】通道里指定一个和漫反射通道一样的贴图，并将参数值设置为【30】，目的是让壁纸渲染出来的效果带有凹凸的纹理感。参数设置如图 2-51 所示。

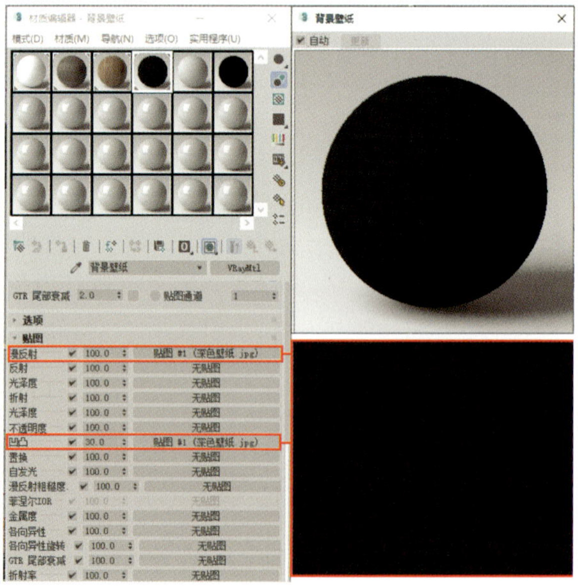

图 2-51

2. 装饰画材质设置

(1)打开材质编辑器，选择一空白材质球，命名为【装饰画】，设置材质类型为 VRay Mtl【VRay 材质】。

(2)在【漫反射】贴图通道里，贴一个装饰画的材质贴图，该贴图为“随书配套二维码\项目二\贴图\装饰画.jpg”文件，点开Bitmap【位图】层级，在【查看图像】中选择需要的图像，勾选【应用】，用来模拟真实世界里装饰画的纹理和颜色。参数设置如图2-52所示。

3. 外部环境材质设置

(1)打开材质编辑器，选择一空白材质球，命名为【外景】，设置材质类型为VRay Mtl【VRay材质】。

(2)在【漫反射】贴图通道里，贴一个外景的材质贴图，该贴图为“随书配套二维码\项目二\贴图\外景.jpg”文件，用来模拟真实的外部环境。参数设置如图2-53所示。

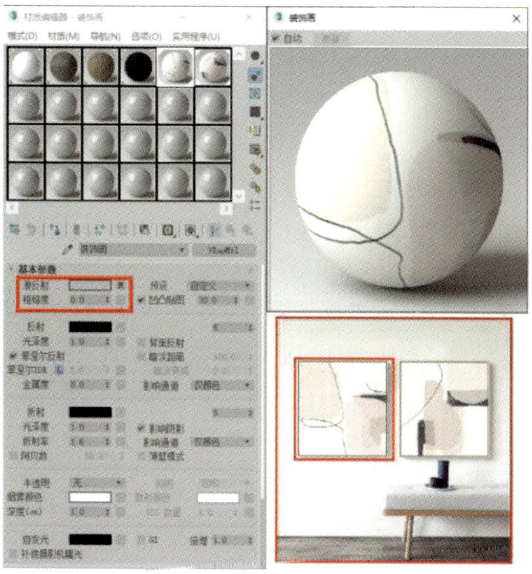

图2-52

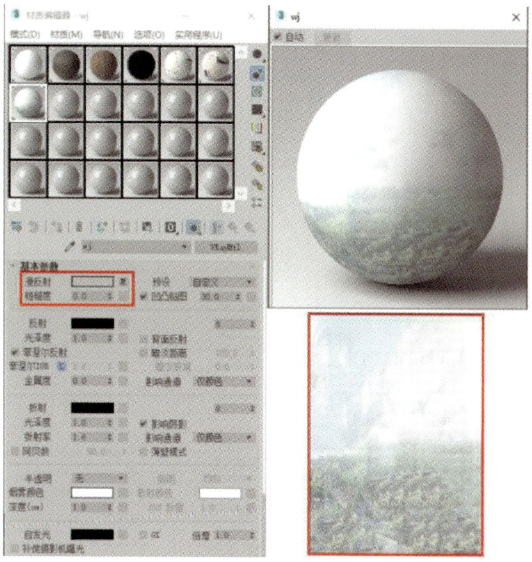

图2-53

这样就完成了主要材质的调节，其他的细小部分的材质或者材质的具体细节，可以放到灯光设置和渲染设置阶段进行调整，没进行调整的部分默认为建立模型时的效果颜色和基本属性，未进行粗调的材质在整个全局光照的过程中起到的作用很小，粗调材质完成文件参考“随书配套二维码\项目二\卧室场景－材质.max”文件。进行渲染和材质粗调后的效果如图2-54所示。

二维码2-9

图2-54

任务四　轻奢风卧室空间灯光设置

在对场景布光分析时，已经确定采用自然光线结合人造光源来表现空间。自然光线主要为环境光，人造光主要包含室内的主光源和辅助光源。

知识点一、卧室空间场景初步设置

1. 渲染场景初步设置

在效果图初调灯光的过程中，为了调整的方便和快捷，需要对 VRay 渲染器进行设置，调到一个预览草图的级别，这样在调节场景中的灯光时，可以更快地观察灯光的变化。

(1) 单击【渲染设置】按钮，在弹出的【渲染设置】面板中选择【公用】选项卡，在【公用】卷展栏中选择【公用参数】下的【输出大小】，设置宽度和高度，尺寸尽可能小一些，只要可以查看效果图大致关系即可，锁定图像纵横比，比例根据宽度和高度尺寸而设定，如图 2-55 所示。

(2) 选择【VRay】选项卡，在【全局开关】卷展栏中，模式设置为【高级模式】，【默认灯光】下选择【关闭全局照明(GI)】，如图 2-56 所示。

(3) 选择【VRay】选项卡，在【图像采样器(抗锯齿)】卷展栏中，将图像采样器类型设置为默认选项【渲染块】，取消勾选【图像过滤器】，如图 2-57 所示。

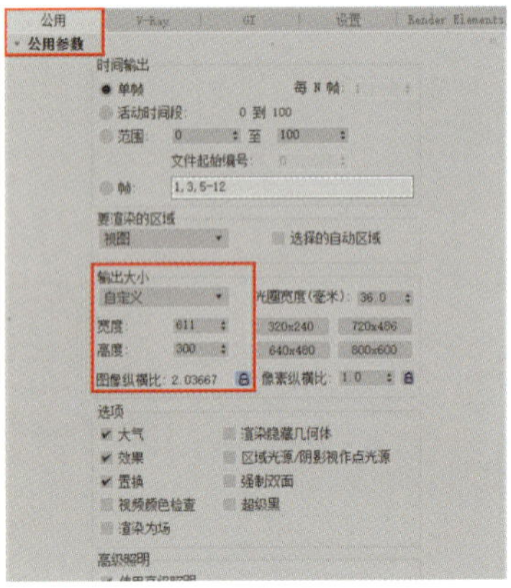

图 2-55

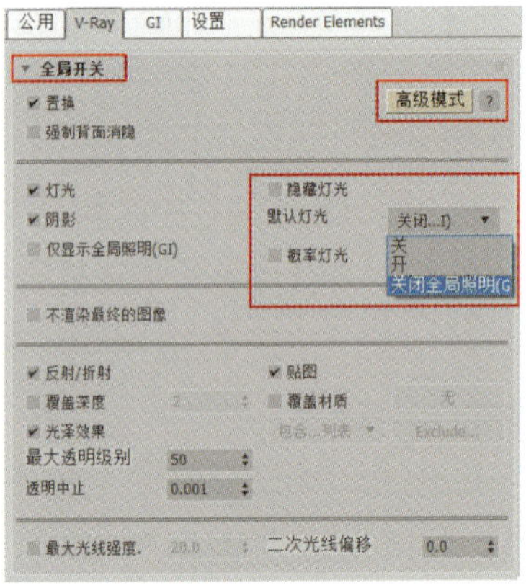

图 2-56

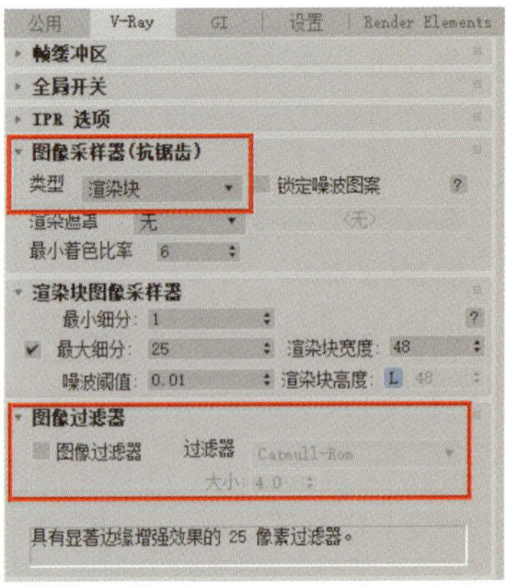

图 2-57

(4) 选择【GI】选项卡，在【全局照明】卷展栏中，勾选【启用 GI】，【首次引擎】下选择【发光贴图】，【二次引擎】下选择【灯光缓存】，具体参数设置如图 2-58 所示。

(5) 在【发光贴图】卷展栏中，【当前预设】方式设置为【自定义】，将【最小比率】值设置为【-4】，将【最大比率】值设为【-4】，将【细分】值设为【80】，【插值采样】值设为【70】，其他参数设置如图 2-59 所示。

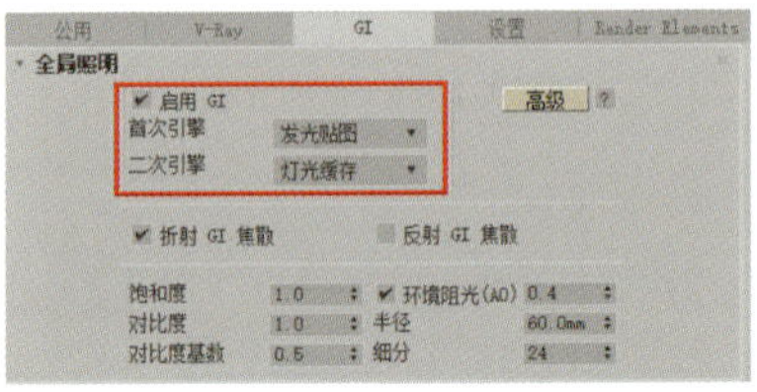

图 2-58

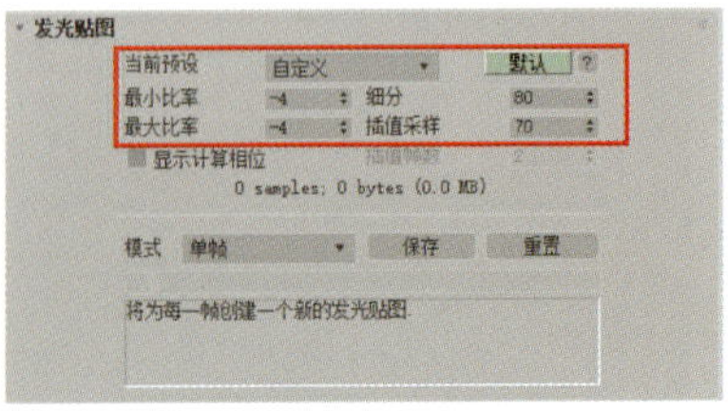

图 2-59

(6)进入【灯光缓存】卷展栏中，将【细分】值设为【200】，如图 2-60 所示。

(7)选择【设置】选项卡，进入【系统】卷展栏，将【序列】方式设置为【上→下】，具体参数设置如图 2-61 所示。

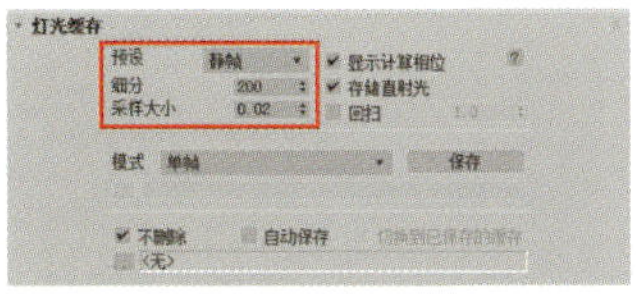

图 2-60

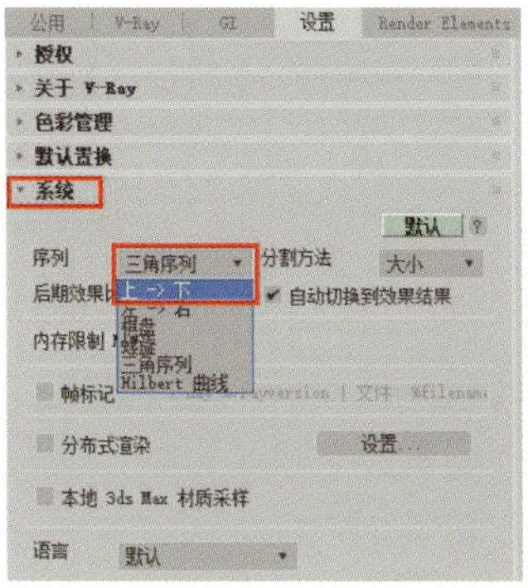

图 2-61

二维码 2-10

2. 卧室空间主要光源设置建议

(1)对于一个室内空间来说，在渲染之前，对场景中的灯光进行分析和分类是很有必要的，一般情况下先找出对整个空间影响较大的一个或者几个光源，把场景中的空间大关系，即亮度变化、气氛确定下来，然后再有目的地刻画细节、装饰局部。

(2)对于该项目案例场景来说，影响较大的是窗口的环境光，可以先试着完成环境光的效果制作，如果此时场景中亮度不够，再添加主光源、辅助光源和场景中的补光，使场景中的灯光效果达到理想状态。

知识点二、卧室空间主光源设置

1. 创建窗口环境光

(1)进入创建面板，单击【灯光】按钮，在【灯光】下拉列表中选择【VRay】灯光类型，然后选择【VRay 灯光】，如图 2-62 所示。

(2)在【前】视图窗口位置处创建【VRay 灯光】，然后在【顶】视图中利用移动、旋转工具调节其位置、尺寸，如图 2-63 所示。

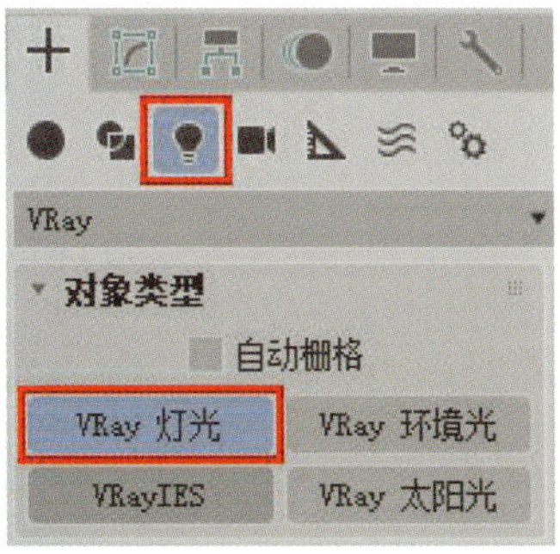

图 2-62

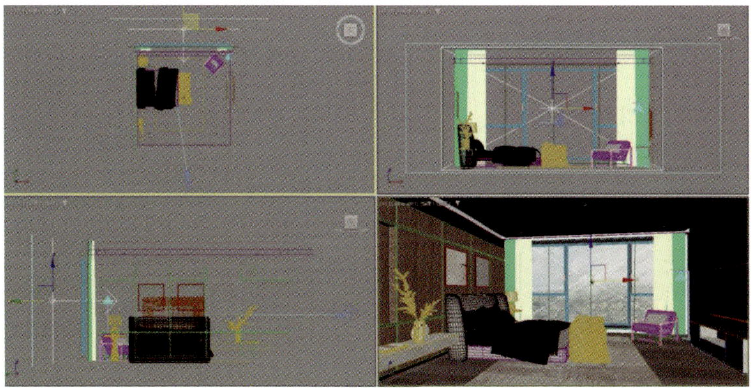
图 2-63

(3)灯光具体参数设置。在【常规】中设置【类型】为【平面】，设置灯光【长度】和【宽度】大小，设置【倍增】为【2.0】；颜色 RGB 值设置为【198，218，255】，偏冷色，模拟天空的颜色；在【选项】下勾选【不可见】，如图 2-64 所示。

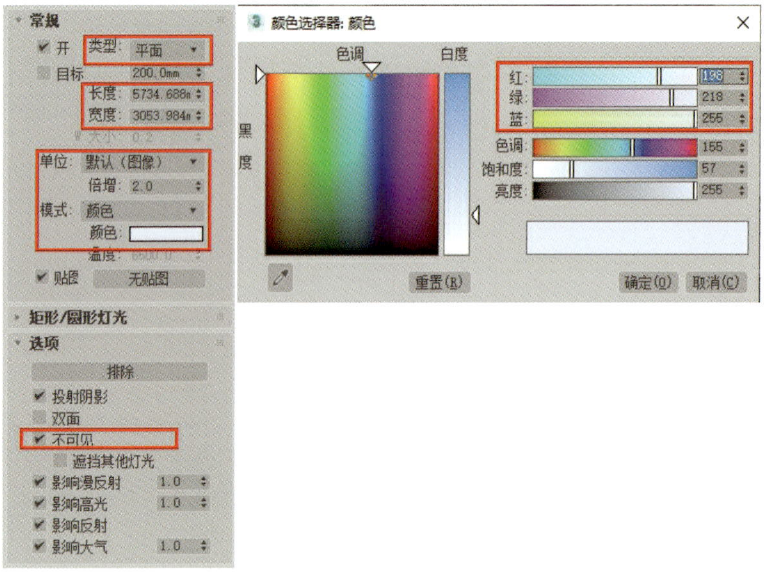

图 2-64

注意：并不是在一开始就把这些参数调整好的，而是要经过几次渲染调整后才能确定最后的参数，调整灯光参数的原则是在保证窗口不曝光的情况下尽量加大其亮度。

(4) 点击【快速渲染】按钮进行渲染测试，如图 2-65 所示。此时，窗口已经有环境光的影响，但场景还有些暗，气氛显得有些闷。而且现在是草图渲染结果，墙面上有不少噪点，对此不必在意，等最终渲染时把渲染精细度调大就可以了。

图 2-65

2. 室内主光源设置

(1) 主光源效果需要用五盏光度学灯光来模拟，进入创建面板，单击【灯光】按钮，在灯光下拉列表中选择【光度学】灯光类型，在【前】视图创建一盏【目标灯光】，然后在【顶】视图与【左】视图中进行实例复制，调整其位置到吊顶下方，如图 2-66 所示。

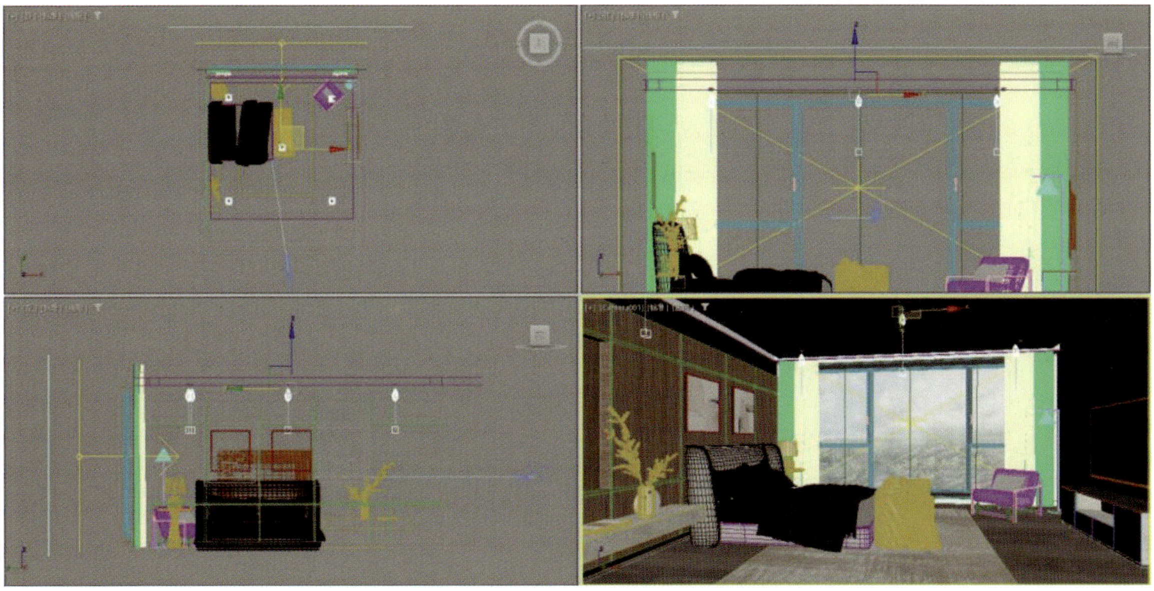

图 2-66

(2)灯光具体参数设置。在【常规参数】下的【阴影】中勾选【启用】,类型选择【VRayShadow】;在【灯光分布(类型)】下选择【光度学 Web】;在【分布(光度学 Web)】下点击空白贴图通道,选择光度学文件,贴图为“随书配套二维码\项目二\光域网\24.ies”文件;在【强度/颜色/衰减】下选择【颜色】为默认选项,【过滤颜色】RGB 值设置为【255,201,163】,偏暖色,【强度】经过调试,设置为默认值,如图 2-67 所示。

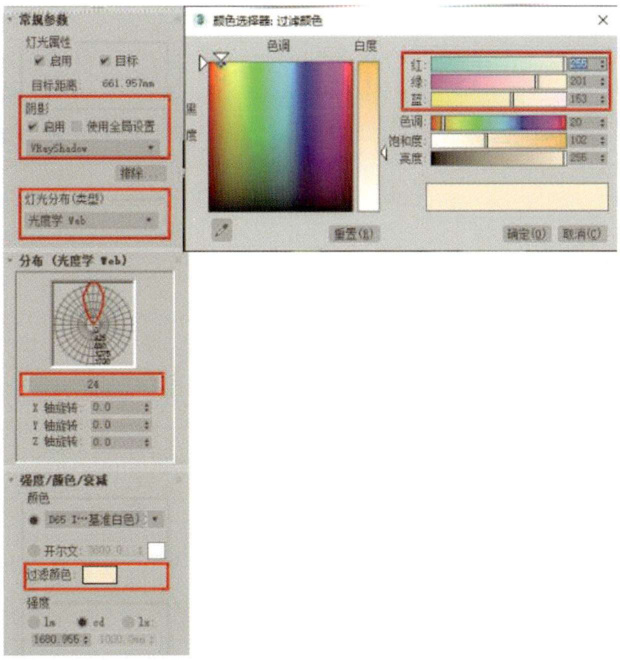

图 2-67

3. 顶面发光灯槽的设置

一般来说,发光灯槽用【VRay 灯光】来实现,注意其方向和位置,将其调亮一些,达到略微曝光的效果。

(1)进入创建面板,点击【灯光】按钮,在【灯光】下拉列表中选择【VRay】灯光类型,然后选择【VRay 灯光】。

(2)在【顶】视图中创建【VRay灯光】，灯光的箭头表示灯光向外照射，在前视图或者左视图中调节其位置，先进行上下与左右四个方向的实例复制灯光，运用均匀缩放工具调整比例，如图2-68所示。

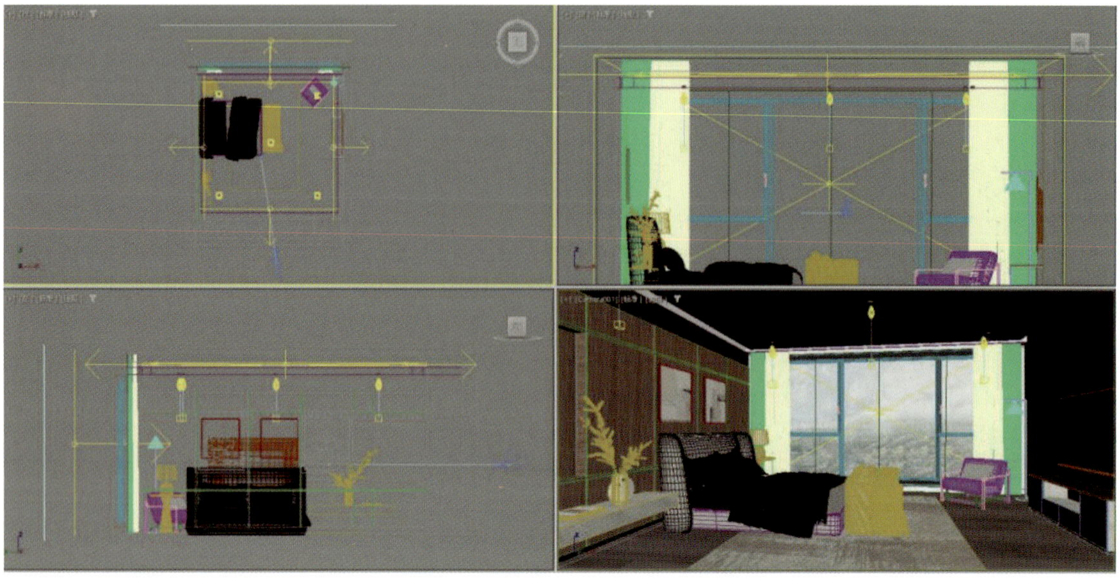

图2-68

(3)灯光具体参数设置。在【常规】中设置【类型】为【平面】，设置灯光【长度】和【宽度】大小，设置【倍增】为【4.0】；颜色RGB值设置为【255，201，153】，偏暖色；在【选项】下勾选【不可见】，如图2-69所示。

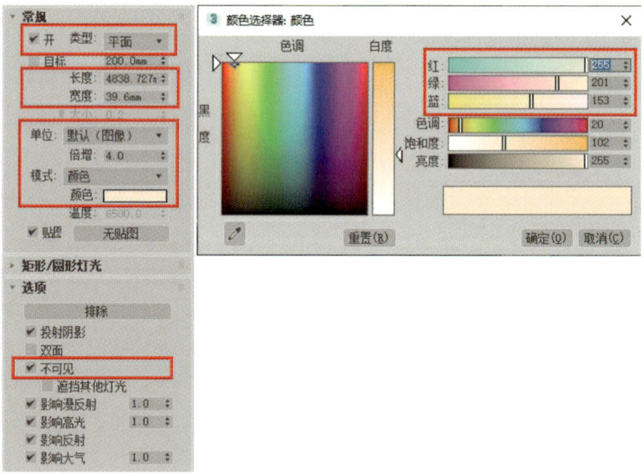

二维码2-11

图2-69

注意：每一盏灯的参数，特别是亮度和颜色都是经过反复调整后，才能融入整体画面。灯光不在乎多少，只要能充分表达出空间关系和设计内容即可。灯光当然是越丰富越好，但切不可为了贪多而失去了主题，在布置灯光的过程中，要始终围绕主题。

知识点三、卧室空间辅助光源设置

1. 床头台灯效果

(1)进入创建面板，点击【灯光】按钮，在【灯光】下拉列表中选择【VRay】灯光类型，然后选择【VRay灯光】。

(2)在【顶】视图中创建 VRay 灯光,在【前】视图或者【左】视图中调节其位置,向上移到相应位置,如图 2-70 所示。

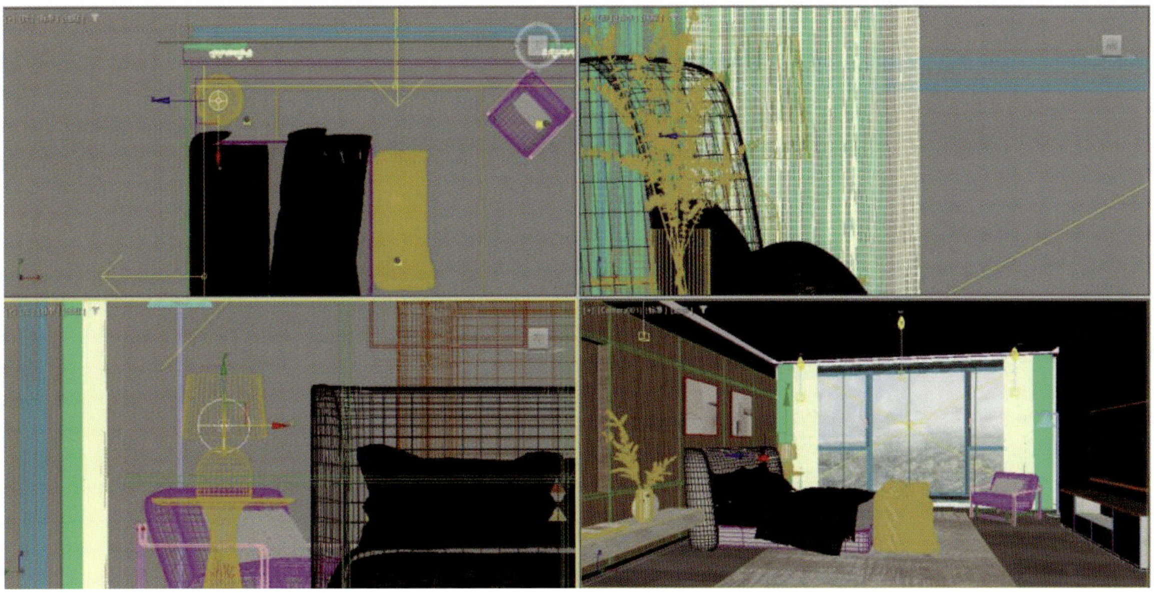

图 2-70

(3)灯光具体参数设置。在【常规】中设置【类型】为【球体】,设置灯光【半径】大小,设置【倍增】为【5.0】;颜色 RGB 值设置为【255,170,94】,偏暖色;在【选项】下勾选【不可见】,如图 2-71 所示。

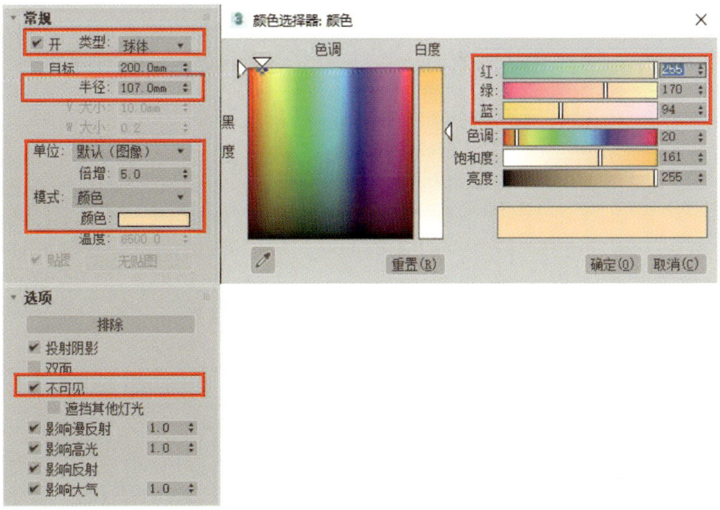

图 2-71

2. 落地灯效果

(1)进入创建面板,点击【灯光】按钮,在【灯光】下拉列表中选择【VRay】灯光类型,然后选择【VRay 灯光】。

(2)在【顶】视图中创建 VRay 灯光,在【前】视图或者【左】视图中调节其位置,向上移到相应位置,如图 2-72 所示。

(3)灯光具体参数设置。在【常规】中设置【类型】为【球体】,设置灯光【半径】大小,设置【倍增】为【5.0】;颜色 RGB 值设置为【255,170,94】,偏暖色;在【选项】下勾选【不可见】,如图 2-73 所示。

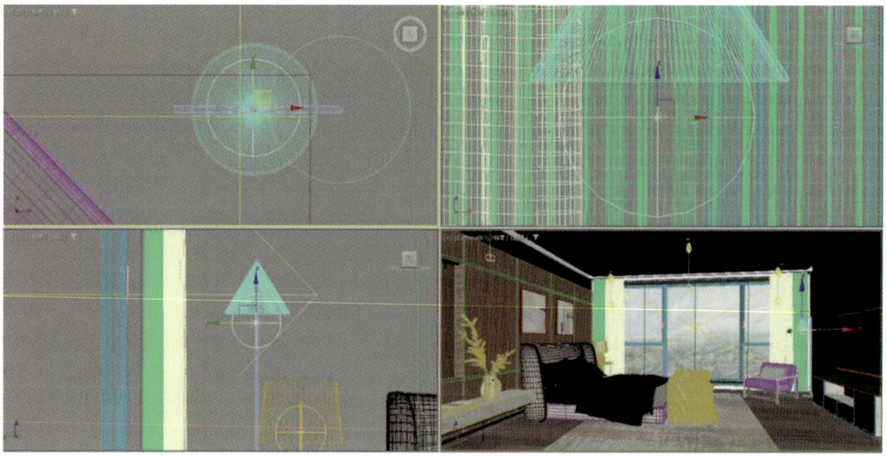

图 2-72

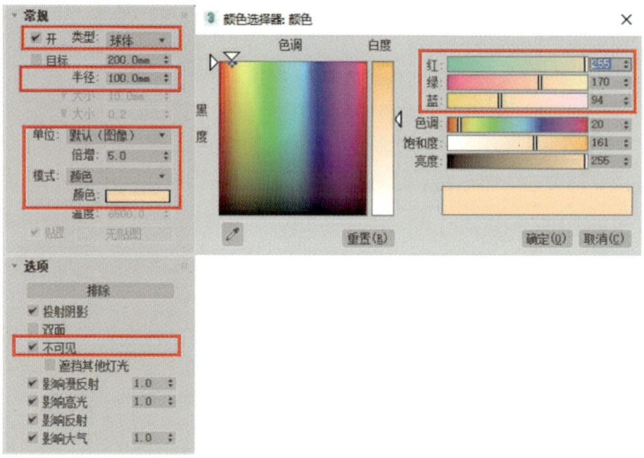

图 2-73

3. 床头柜灯光效果

(1) 进入创建面板，点击【灯光】按钮，在【灯光】下拉列表中选择【VRay】灯光类型，然后选择【VRay灯光】。

(2) 在【顶】视图中创建 VRay 灯光，在【前】视图或【左】视图中调节其位置，向上移到相应位置，如图 2-74 所示。

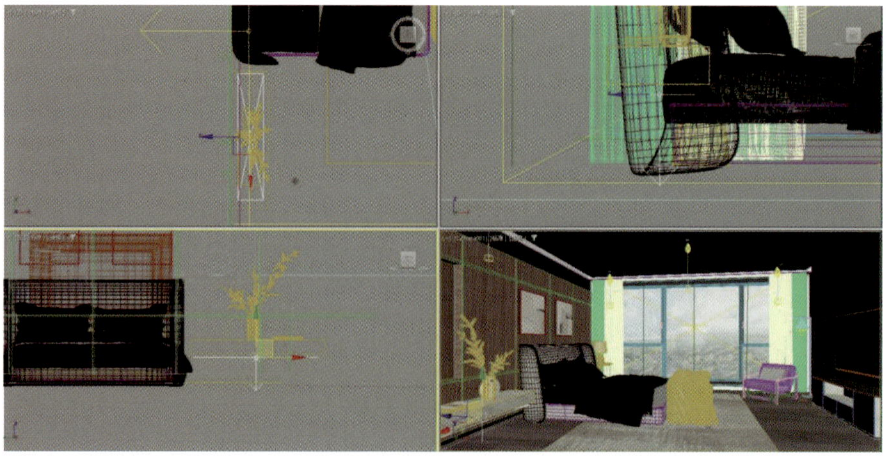

图 2-74

(3)灯光具体参数设置。在【常规】中设置【类型】为【平面】,设置灯光【长度】和【宽度】大小,设置【倍增】为【2.0】;颜色 RGB 值设置为【255,170,94】,偏暖色;在【选项】下勾选【不可见】,如图 2-75 所示。

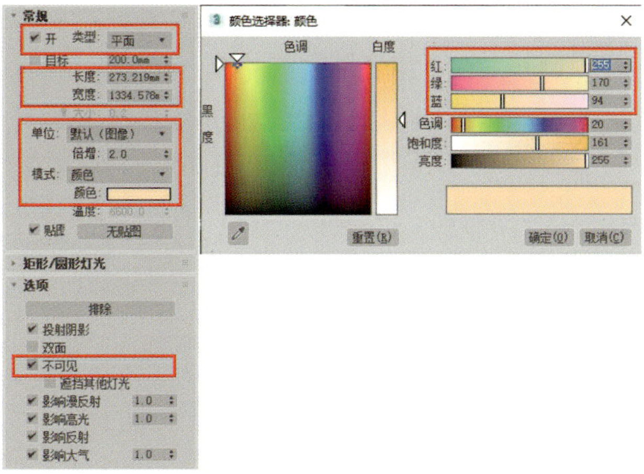

图 2-75

4. 背景壁龛灯光效果

(1)进入创建面板,点击【灯光】按钮,在【灯光】下拉列表中选择【VRay】灯光类型,然后选择【VRay 灯光】。

(2)在【顶】视图中创建 VRay 灯光,在【前】视图或者【左】视图中调节其位置,向上移到相应位置,如图 2-76 所示。

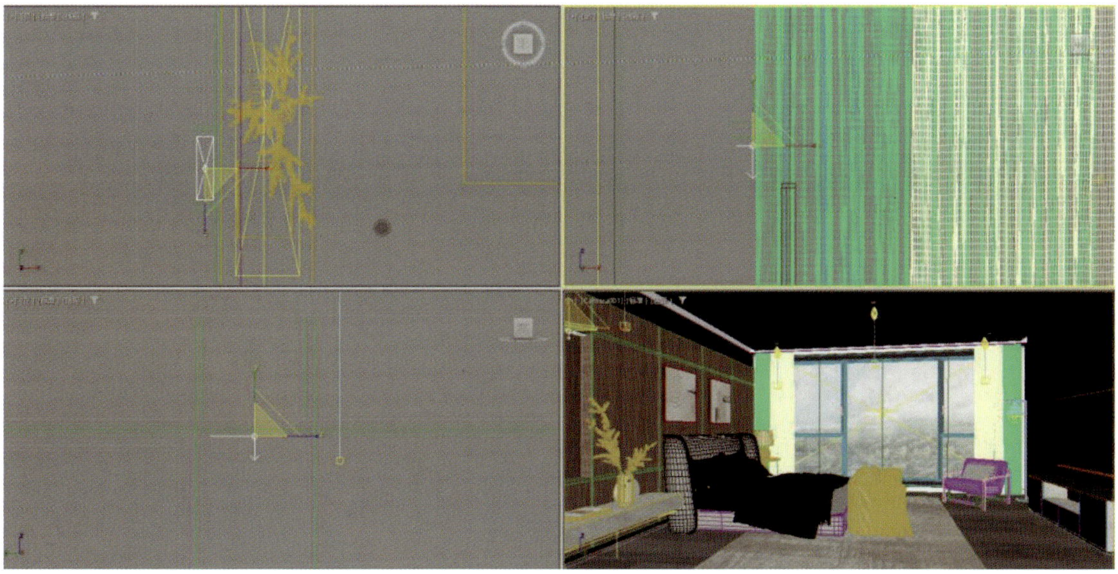

图 2-76

(3)灯光具体参数设置。在【常规】中设置【类型】为【平面】,设置灯光【长度】和【宽度】大小,设置【倍增】为【4.0】;颜色 RGB 值设置为【255,201,153】,偏暖色;在【选项】下勾选【不可见】,如图 2-77 所示。

5. 电视机光照效果设置

(1)进入创建面板,点击【灯光】按钮,在【灯光】下拉列表中选择【VRay】灯光类型,然后选择【VRay 灯光】。

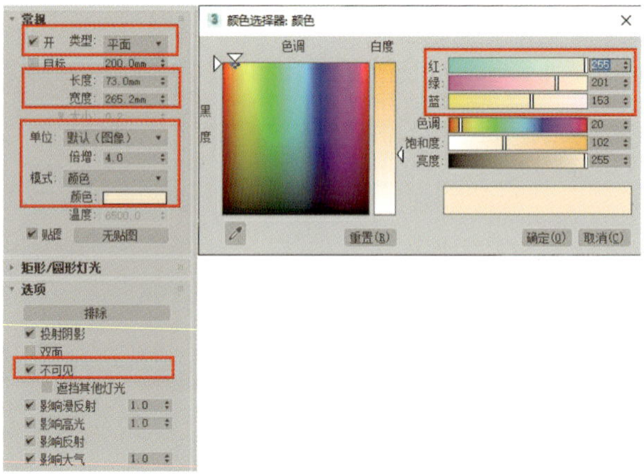

图 2-77

(2)在【前】视图中创建 VRay 灯光，在【顶】视图中调节其位置，用旋转工具在【左】视图中旋转一定的角度，模拟电视机对地面的光影影响，但要注意氛围的营造，如图 2-78 所示。

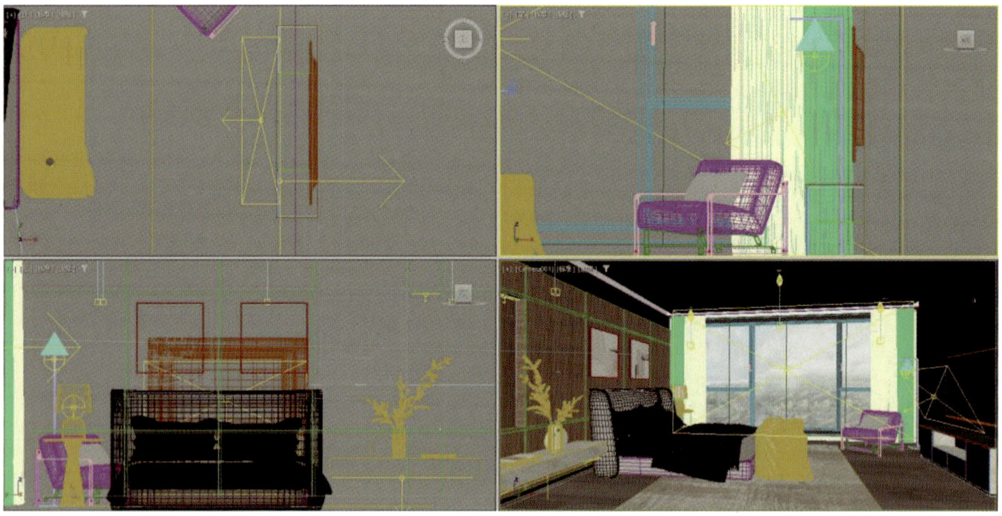

图 2-78

(3)灯光具体参数设置。在【常规】中设置【类型】为【平面】，设置灯光【长度】和【宽度】大小，设置【倍增】为【4.0】；颜色 RGB 值设置为【173，200，255】，偏冷色；在【选项】下勾选【不可见】，如图 2-79 所示。

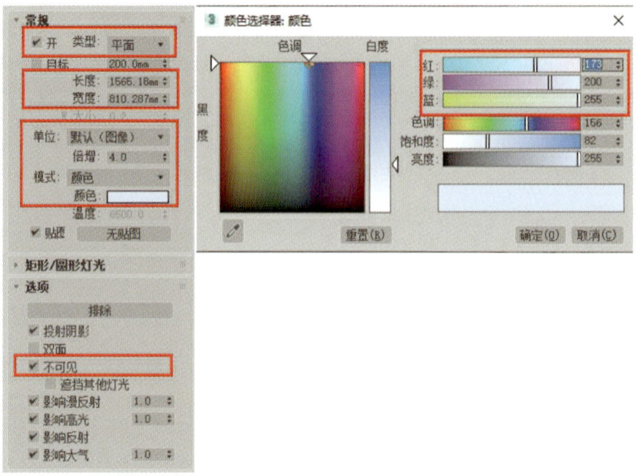

二维码 2-12

图 2-79

知识点四、卧室空间气氛光源设置

1. 太阳光效果

(1)太阳光效果需要用标准灯光来模拟。进入创建面板,点击【灯光】按钮,在【灯光】下拉列表中选择【标准】灯光类型,在【顶】视图靠窗户处创建一盏【目标平行光】,创建灯光时由窗户外向室内拖拉,模拟的是太阳光照射到室内的效果,根据设计所要模拟的不同时间段的太阳,调整在室内的照射角度,然后在【顶】视图与【左】视图中调节其位置,如图 2-80 所示。

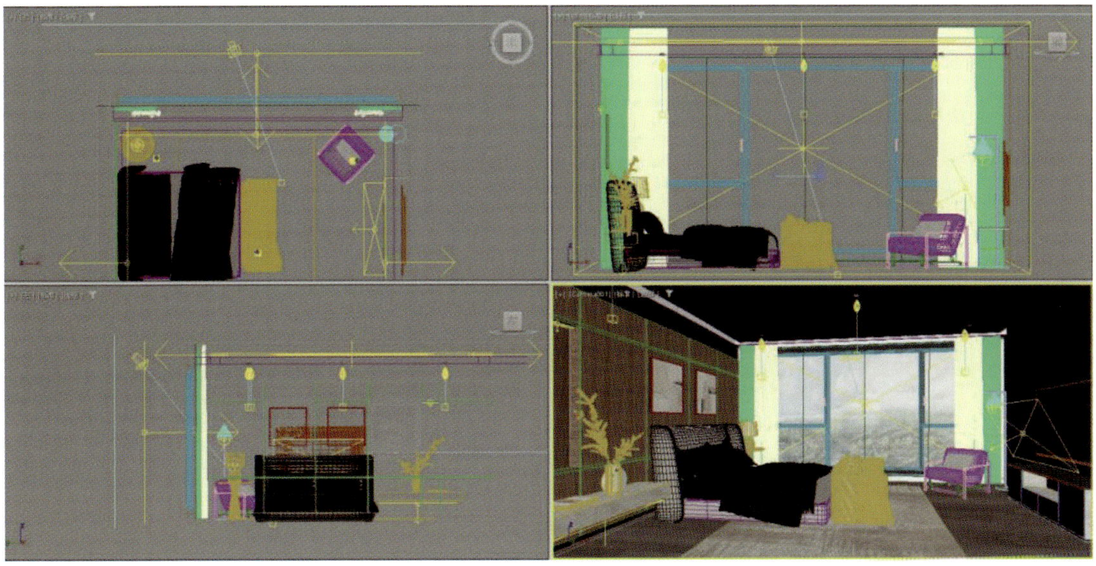

图 2-80

(2)灯光具体参数设置。在【常规参数】下的【阴影】中勾选【启用】,类型选择【VRayShadow】;在【强度 / 颜色 / 衰减】中设置【倍增】为【1.0】,过滤颜色 RGB 值设置为【255,201,153】,偏暖色;设置【平行光参数】下【聚光区 / 光束】与【衰减区 / 区域】数值,数值一般以平行光的光束和区域将建筑窗户包裹在里面为合适,如图 2-81 所示。

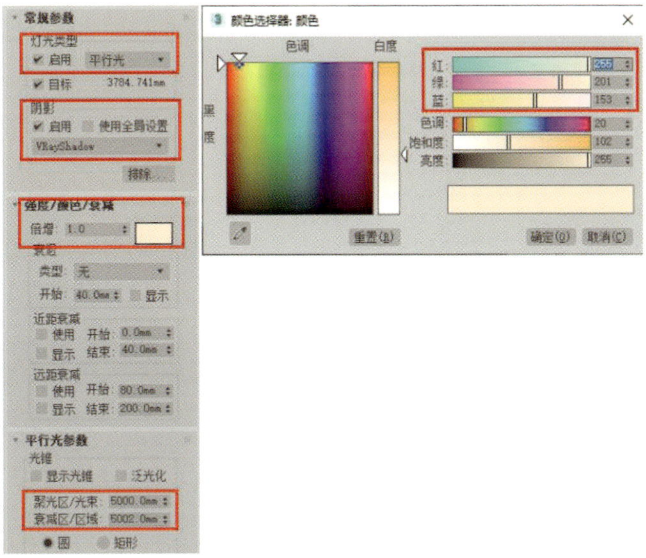

图 2-81

2. 背景墙灯光效果

(1) 进入创建面板，点击【灯光】按钮，在【灯光】下拉列表中选择【VRay】灯光类型，然后选择【VRay灯光】。

(2) 在【顶】视图中创建 VRay 灯光，在【前】视图与【左】视图中调节其位置，用旋转工具在【前】视图中旋转一定的角度，模拟灯槽对墙面的光影影响，但要注意氛围感的营造，如图 2-82 所示。

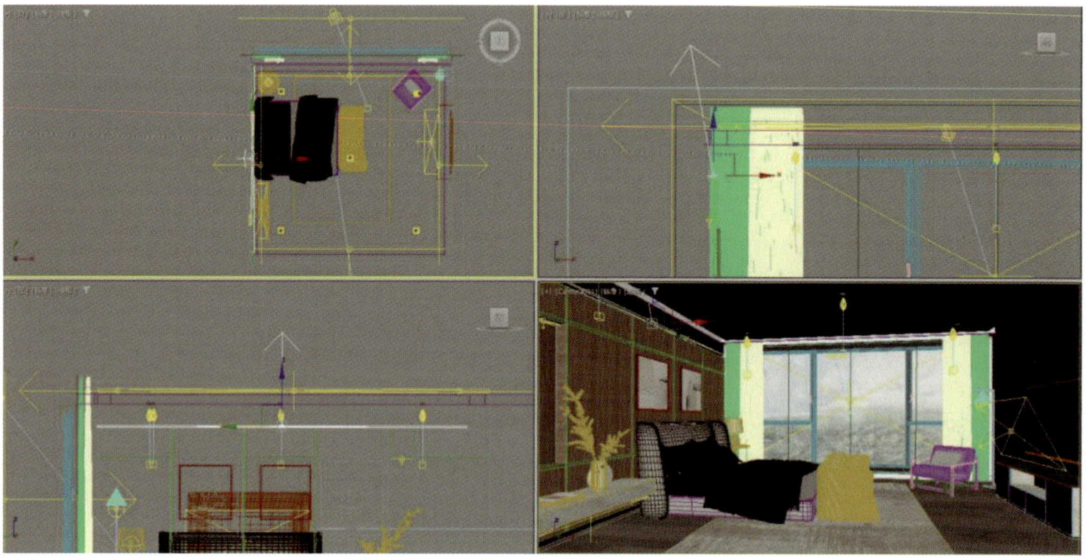

图 2-82

(3) 灯光具体参数设置。在【常规】中设置【类型】为【平面】，设置灯光【长度】和【宽度】大小，设置【倍增】为【2.0】；颜色 RGB 值设置为【255，201，153】，偏暖色；在【选项】下勾选【不可见】，如图 2-83 所示。

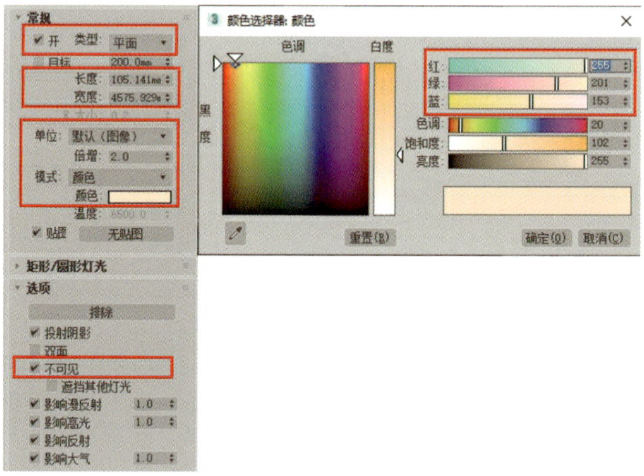

二维码 2-13

图 2-83

注意：场景调整到此就可以开始渲染光子图了，场景中灯光的细节，如果继续调整，是无穷无尽的。因为从美术学的角度来看，一张图的美是没有最终标准的。渲染者在布灯的过程中始终要把握住场景大的关系，对主要灯光进行调整，然后一步步细化，添加一些辅助光源。在此过程中，应做到收放自如，既能仅用几盏灯就出效果，又能调控多盏灯而不乱方寸并且突出主题。灯光效果图可以参考“随书配套二维码 \ 项目二 \ 卧室场景 - 灯光 .max”文件。

任务五　轻奢风卧室空间渲染设置

知识点一、光子图的设置和保存

1. 光子图的尺寸

(1)光子图是为了最后渲染大图做准备的,渲染最终大图可以用光子图的尺寸放大不超出5倍来输出设置。

(2)点击【渲染设置】按钮,在弹出的【渲染设置】面板中选择【公用】选项卡,在【公用】卷展栏中选择【公用参数】下的【输出大小】,设置光子图需要的宽度和高度,如图2-84所示。

2. 光子图的设置

(1)选择【GI】选项卡,在【发光贴图】卷展栏中,【当前预设】方式设置为【非常高】,【最小比率】和【最大比率】采用默认值,将【细分】值设为【80】,【插值采样】值设为【60】,保存发光贴图文件,如图2-85所示。

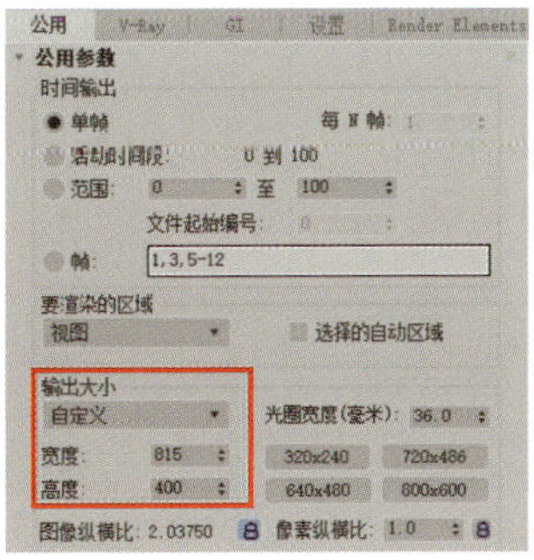

图 2-84

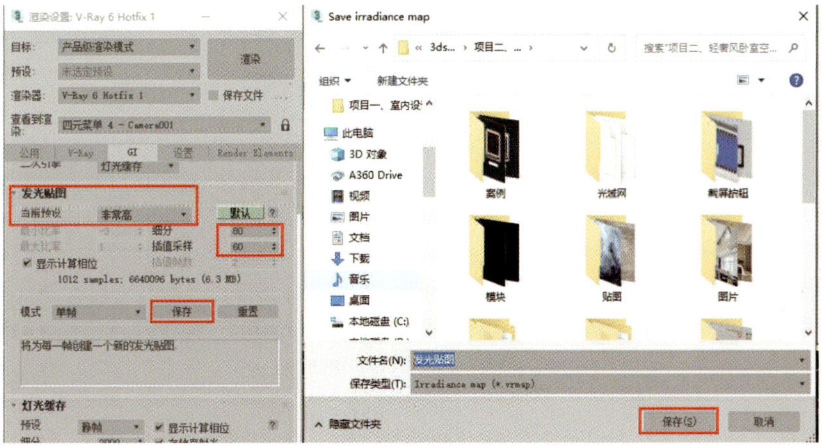

图 2-85

(2)进入【灯光缓存】卷展栏中,将【细分】值设为【2000】,保存灯光缓存文件,如图2-86所示。

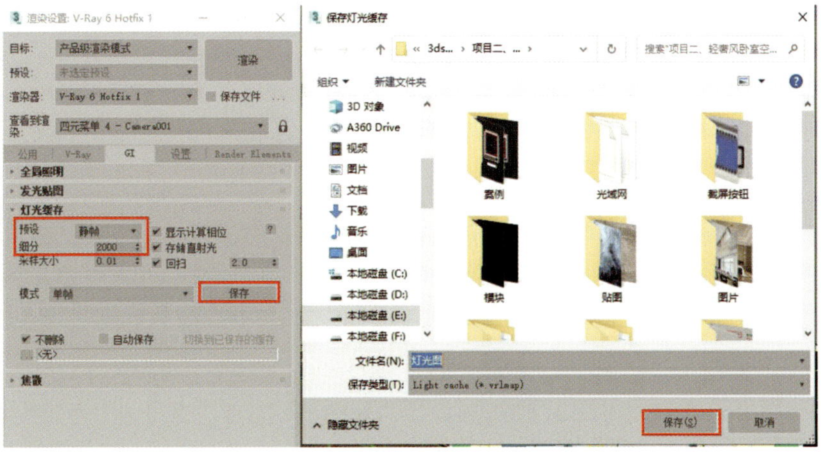

图 2-86

(3) 渲染测试，效果如图 2-87 所示。

图 2-87

知识点二、最终渲染图的渲染保存

(1) 最终渲染图的尺寸，采用光子图 5 倍内的尺寸都是可以的。

(2) 选择【常规】选项卡，【输出大小】设置成品图需要的尺寸。此处设置的是 3260 × 1600，如图 2-88 所示。

(3) 在【渲染输出】中勾选【保存文件】，点击【文件】按钮，弹出保存面板，保存格式选择 .tga，如图 2-89 所示。

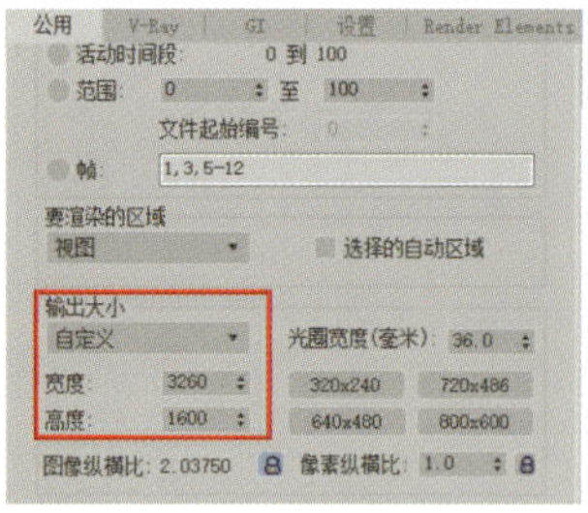

图 2-88

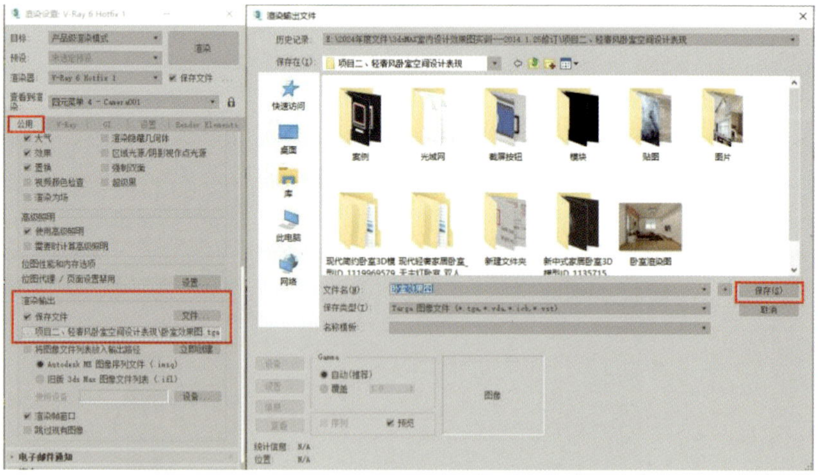

图 2-89

(4) 选择【VRay】选项卡，在【图像采样器（抗锯齿）】卷展栏中，将图像采样器类型设置为默认选项【渲染块】，勾选【图像过滤器】，过滤器选择【Catmull-Rom】，如图 2-90 所示。

(5) 选择【GI】选项卡，在【发光贴图】卷展栏中，【模式】选择为【从文件】，将保存的发光贴图 .vrmap 文件导入。在【灯光缓存】卷展栏中，【模式】选择为【从文件】，将保存的灯光图 .vrlmap 文件导入，如图 2-91 所示。

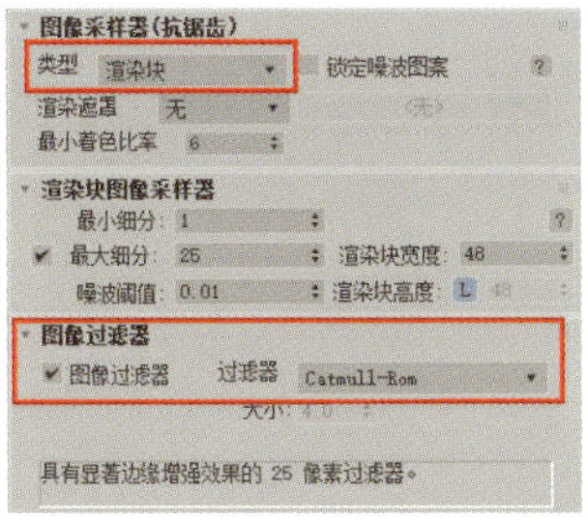

图 2-90

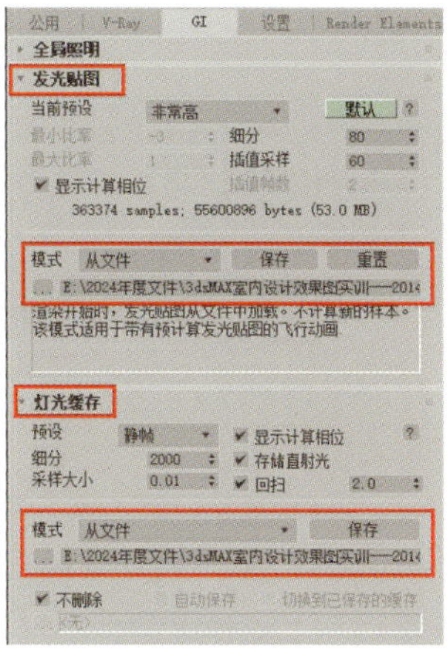

图 2-91

(6)最终渲染结果如图 2-92 所示,最终完成效果可以参考"随书配套二维码 \ 项目二 \ 卧室效果图 .tga"文件。

图 2-92

任务六　轻奢风卧室空间后期效果调整

知识点一、Photoshop 后期调整

1. 打开、复制图像

(1)启动 Photoshop 软件,按【CTRL+O】组合键,在弹出的【打开】对话框中选择卧室效果图 .tga 文件并将其打开。

(2)选择背景图层,并复制背景图层,产生新图层作为备用。

2. 细节调整

(1)切换到卧室效果图图层,对画面的亮度进行调整。选择菜单栏中的【图像】—【调整】—【曲线】命令或按【CTRL+M】,在弹出的【曲线】对话框中进行设置,如图 2-93 所示。

图 2-93

(2)对画面的黑白关系进行校正。选择菜单栏中的【图像】—【调整】—【色阶】命令或按【CTRL+L】,在弹出的【色阶】对话框中进行设置,如图 2-94 所示。

图 2-94

(3)对画面的色彩进行校正,更改图像的总体颜色混合程度。选择菜单栏中的【图像】—【调整】—【色彩平衡】命令或按【CTRL+B】,在弹出的【色彩平衡】对话框中进行设置,如图 2-95 所示。

图 2-95

知识点二、整体调整出图

(1)对画面的对比度进行校正，更改图像的总体黑白对比关系。选择菜单栏中的【图像】—【调整】—【亮度 / 对比度】命令，在弹出的【亮度 / 对比度】对话框中进行设置，如图 2-96 所示。

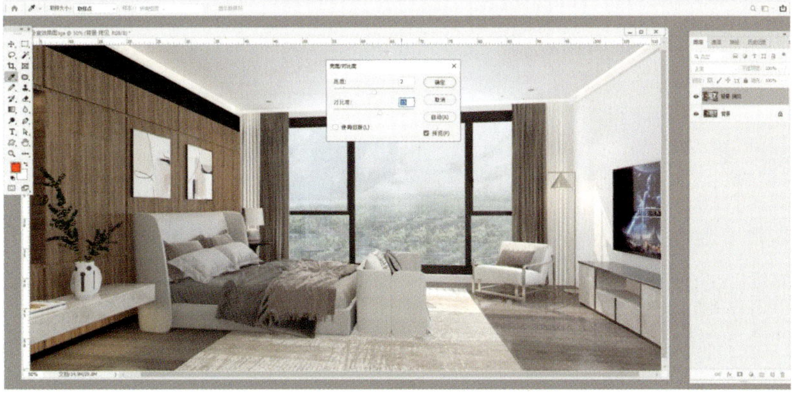

图 2-96

(2)画面的整体色调已得到很好的改善，但是画面的清晰度还是不够。选择【菜单】—【滤镜】—【USM 锐化】命令，将该画面进行锐化设置，如图 2-97 所示。

图 2-97

(3)按【SHIFT+CTRL+S】组合键，在弹出的【存储为】对话框中将该图像文件命名为“卧室效果图 - 完成 .jpg”，最终文件保存在项目二文件夹中。效果图如图 2-98 所示。

图 2-98

项目总结

本项目通过讲解一个轻奢风卧室空间，可以使学生掌握软件的建模步骤和空间场景的完善方法，掌握使用 VRay 渲染器进行渲染的基本流程，培养具有感受美、表现美、鉴赏美、创造美的能力和一定的审美素养。项目着重讲解了空间建模、材质设置和灯光设置，介绍了人造光和自然光对象相结合的创建方法，并展示了所得到的效果。如果灯光的效果处理得当，室内的材质就能表现得更好，整体的轻奢风格也就能营造得更准确，学生在学习的过程中能养成职业生涯规划的意识、较强的集体意识和团队合作精神。

项目拓展

1. 后续加强学生材质和灯光的基本功的练习，只有基本功扎实了，才能把好的设计理念呈现出来。
2. 完成相关空间素材的收集，有利于拓展学生的审美和鉴赏能力，为后续的设计提供有效保障。
3. 尝试独立完成案例《巨凝·金水岸卧室(2)》方案设计，如图 2-99 所示。

图 2-99

项目三

简约风小型会议室空间室内设计表现

任务一　简约风小型会议室空间室内设计表现任务书
任务二　简约风小型会议室空间结构建模
任务三　简约风小型会议室空间材质设置
任务四　简约风小型会议室空间灯光设置
任务五　简约风小型会议室空间渲染设置
任务六　简约风小型会议室空间后期效果调整

会议室，顾名思义就是开会的场所。现在，会议室设计也成为办公空间设计中比较重要的部分。在会议室可以“碰撞”出绝好的创意，独具匠心的设计或许会成为此创意的背景。当然，会议室还是商谈、形成协议的正式场所。

项目导入

瑞玮地板展厅公司是一家从事做地板业务的公司，本项目案例是为该公司设计会议室。设计师与客户沟通后，了解了客户的特点与要求。客户为50多岁的男性，喜欢现代风格，要求经理办公室的整体设计具有年轻感。最后经双方商榷后，确定以简约风格进行设计。

学习目标

1. 知识目标

(1) 了解办公空间设计原理、方法和流程，熟悉材料、色彩的搭配原则。

(2) 掌握办公空间的建模与模块的导入，完善空间场景。

(3) 掌握计算机辅助设计相关软件进行办公空间设计表现的相互协调方法，能熟练进行各软件之间的操作切换。

(4) 了解办公空间设计领域的实务技术问题，能够确认、分析、识别实际应用知识。

2. 能力目标

(1) 掌握室内设计类方案效果图的绘制技能，达到设计公司的职业绘图能力。

(2) 培养分析办公空间要素、提炼设计理念的能力，以及对设计问题的敏感性和对细节的洞察力。

(3) 掌握VRay渲染插件参数设置的基本技能和渲染表现流程，精通办公空间设计施工图和效果图的设计技巧。

(4) 掌握办公空间各功能区效果图的绘制技能，具备艺术和空间的审美能力。

3. 素质目标

(1) 严格遵循制图标准，熟练掌握制图要点，养成良好的制图习惯。

(2) 具有严谨的工作作风，体现工匠精神，能够自觉遵守设计施工制图规范，自觉执行项目设计、施工标准操作流程。

(3) 具备全局观念，能够与团队及其他人员进行良好的沟通与协调合作。

项目任务分解

如何快速并高质量地完成作品是很多初学者都会面临的问题，然而设计没有捷径可走，只有清楚制作原理，多努力练习，才能提高制作水平。

在拿到一个办公空间设计项目后，不要急于建模、赋材质、设置灯光，应该先对项目的设计背景以及设计师的设计理念和设计目标进行步骤分解，制作效果图的思路才会更清晰明了。设计步骤包括结构建模、材质设置、灯光设置、渲染设置、后期效果调整等内容。

任务一　简约风小型会议室空间室内设计表现任务书

知识点一、设计课题分析

1. 设计课题：简约风小型会议室空间室内设计表现

通过学习小型会议室的室内设计，学生能够了解办公空间与家居空间设计的异同，并深入掌握办公空间室内设计方法。

2. 设计理念

以人为本，突出企业的经营定位，注重企业形象，强调工作的舒适性、高效性和工作的乐趣。

3. 设计条件

本课题是真实的项目，客户对设计有一些基本要求，需要根据给定的图纸进行设计，建筑室内面积为 60 m^2 左右。

4. 图纸表达

(1) 3ds Max 原文件。

(2) 渲染图。

(3) 通道图。

(4) 最终效果图。

5. 课时建议

第 1～4 学时：完成结构建模。第 5～8 学时：完成材质设置。第 9～12 学时：完成灯光设置。第 13～14 学时：完成渲染设置。第 15～16 学时：后期效果调整。

知识点二、办公空间的分类及其室内设计的依据与要求

城市经济的发展，城市化进程的加快，对城市的信息、经营、管理等方面都提出了新的要求，也使办公建筑迅速发展。同时，以现代科技为依托的办公设施日新月异，既使办公模式多样而富有变化，又从观念上不断为人们认识办公建筑室内环境行为模式增添新的内容。

1. 办公空间的分类

行政办公空间：各级机关、团体、事业单位、工矿企业等的办公楼。专业办公空间：设计、科研、商业、贸易、金融、投资信托、保险等行业的办公楼。综合办公空间：含有公寓、商场、金融、餐饮娱乐设施等的办公楼。由于信息网络技术的发展和人们对办公环境质量意识的提高，办公空间合理的信息资源管理、办公方式的信息互通、工作效率、办公机构形象和效益、办公场所的人性化和个性化等方面已成为办公空间的设计重点。办公空间各类用房按其功能性质分类，一般分为以下几种类型。

(1) 办公用房。办公建筑室内空间的平面布局形式取决于办公楼本身的使用特点、管理体制、结构形式等，办公用房的类型有：小单间办公室、大空间办公室、单元型办公室、公寓型办公室和景观办公室等。此外，绘图室、主管室或经理室也可属于具有专业或专用性质的办公用房。

(2) 公共用房。办公楼内外人际交往或内部人员聚会、展示等用房，如会客室、接待室、各类会议室、阅览展示厅、多功能厅等。

(3) 服务用房。为办公楼提供资料，信息的收集、编制、交流、储存等用房，如资料室、档案室、文印室、电

脑室和晒图室等。

(4)附属设施用房。为办公楼工作人员提供生活及环境设施服务的用房，如开水房、卫生间、电话交换机房、变配电间、空调机房、员工餐厅等。

2. 办公空间室内设计的依据

(1)室内办公、公共、服务及附属设施等各类用房之间的面积分配比例、房间的大小及数量，均应根据办公楼的使用性质、规模和相应标准来确定。

(2)办公空间所在的位置及层次，应将与对外联系较为密切的部分布置在靠近出入口或靠近出入口的主通道处。如把收发传达室设置在出入口位置，接待、会客以及一些具有对外性质的会议室和多功能厅设置在靠近入口的主通道处，人数众多的厅室还应注意安全疏散通道的组织。

(3)综合型办公室不同功能的联系与分隔应在平面布局和分层设置时予以考虑。当办公与商场、餐饮、娱乐等组合在一起时，应尽可能单独设置不同功能的出入口，以免干扰。

(4)从安全疏散和有利于通行考虑，袋形走道远端房间门至楼梯口的距离不应大于 2 m，且走道过长时应该设置采光口或设计补充光源。单侧设房间的走道净宽应大于 1300 mm；双侧设房间的走道净宽应大于 1600 mm，走道的净高应不低于 2100 mm。

不同办公空间示例如图 3-1～图 3-4 所示。

图 3-1　过道

图 3-2　洽谈区 1

图 3-3　办公区 1

图 3-4　入口区

3. 办公空间室内设计的要求

(1)室内空间组织和平面布局应尽量合理。传统的普通办公空间比较固定，如果是单人使用的办公室，则主要考虑各种功能的分区，分区应合理，尽量避免交通流线交叉造成过多走动。如果是多人共同使用的办公室，在布置上则首先考虑按工作的顺序安排每个人的位置及办公设备的位置，应该避免交通流线的交叉，以避免相互的干扰。开放式办公空间多采用工业化生产的隔屏和家具，其中的办公单元应按功能关系进行分组。

(2)办公空间的照明是长时间进行公务活动的明视照明，不仅要考虑办公空间中工作面的照明，还要考虑使整个房间的视觉环境舒适的照明。也就是说，办公空间中，既要考虑办公桌上水平照度的效率，也要考虑使人能有效地观望物体，保护视力，提高工作效率，平衡情绪，充分体验空间的舒适和美观。良好的热效应和通风、降噪也是办公空间室内环境物质功能所需要的。

(3)办公空间的空间构成和界面处理具有造型简洁优美的要求，光、色和材质的配置力求实用、明快。为达到现代办公高效快节奏的要求，办公空间中装修材料和设备设施的选择应尽量适用、美观、经济、加工方便、省时，相应地必须采用合理的装修构造和技术措施来进行配合。

(4)现实生活中，许多人在办公环境中要度过大部分的工作时间，所以，设计师对于办公空间和人体尺度的联系应有较高的敏感和认识。例如，在设计普通办公室时，必须要考虑大多数使用者的侧向手握距离和向前的手臂作用范围，以保证设计出舒适的秘书椅、恰到好处的椅子靠背以及高度适宜的吊柜。要保证办公室内有足够的通行距离，还要考虑办公人员坐着时各种尺寸与文件柜之间的关系。若在一个大办公室中用隔断分成若干个开敞式的小空间，在设计这些隔断时，要考虑人站立时和坐着时眼睛的高度，其中要特别认识到男女性别的差异所产生的不同尺度要求。

(5)办公空间属于公共空间，其设计必须严格遵守安全疏散、防火、卫生、防污染等设计规范，遵守与设计任务相适应的有关定额标准。例如，从室内每人所需的空气容积及办公人员在室内的空间感受考虑，办公室的净高一般不低于 2600 mm，设置空调时净高也不应低于 2400 mm。根据办公室等级标准的高低，办公人员常用的面积定额为 3.5～6.5 m^2 / 人。

(6)办公空间的设计要适应可持续性发展的要求，室内空间设计应考虑室内环境的节能、节材，注意充分利用和节省室内空间，前瞻性地预测所设计办公空间在未来几年的发展可能，进行设计时可从选材、施工工艺、空间组合、界面处理等角度，为相关空间的未来发展留有余地。办公空间的设计还应关注室内环境对于使用者的生理、心理感受的影响，自然采光和通风必须给予充分重视，有利于减免“空调病”“办公室综合征”等办公空间的常见职业病。德国同行在设计办公空间时就严格遵守行业规定的标准，办公桌离窗户的最远距离不得大于 6000 mm，以确保自然采光和通风的充足。我国规定的办公室采光系数中的窗地面积比应不小于 1∶6，同样是出于这一方面的考虑。

随着当今社会发展的多元化，办公空间出现了新特点，传统办公模式稳步发展的同时也出现了一些全新的办公模式。比如家庭办公制，就是公司员工可以在家中完成适量的办公工作，他们充分利用计算机网络、通信网络等现代化通信手段，与企业或公司保持可靠的信息联系；旅馆式办公，办公人员通过事先联系或登记预定办公桌位及设备，由办公楼服务台工作人员对办公桌位、设备及用房进行管理和分配；轮用办公制，为公司部分员工安排办公室和办公桌位时采用“先来先用”的原则，基本上是哪一部分员工先来工作或急需工作就先使用公司或企业的办公室和办公桌位，以充分提高办公室和办公桌位的利用率；客座办公制，是指两家或更多公司或企业之间根据协议，其中一家可以使用另外一家的办公室办公。

现代办公空间趋向于重视办公人员在办公室中的舒适感与和谐氛围，适当设置室内绿化，布局上柔化室内环境，有利于调节办公人员的工作情绪，充分调动办公人员的积极性，从而提高工作效率。室内空间组织时密切关注功能、设施的动态发展和更新，适当选用灵活可变的、“模糊型”的办公空间划分具有较好的适应性。对于办公室内的设施、信息、管理等方面，则应充分重视运用智能型的现代高科技手段。

二维码 3-1

不同办公空间示例如图 3-5～图 3-8 所示。

图 3-5　洽谈区 2

图 3-6　办公区 2

图 3-7　休息区

图 3-8　办公区 3

知识点三、设计元素分析

1. 办公空间室内设计的色彩

造型和色彩是空间设计的两大要素，造型和色彩互为补充才能构成完整的设计语言。办公空间中的色彩处理要根据使用功能和风格的要求，先确定色彩的基调，然后制定一个色彩序列标准，色彩序列中要有统一色调和对比关系。在不同空间分区的色彩处理中，对色彩进行不同的组合方式就会产生不同的空间色彩效果，最重要的是基本的色彩关系保持整体风格的统一。室内空间的色彩是由构成室内环境的各个元素的材料共同组成的，办公空间属于公共空间。由于室内空间的功能丰富多样，其空间环境相对复杂，各种材质的选择应遵循整体统一的要求，各种材质的选择最终反映到色彩的搭配上。通常，设计师的设计原则为"大调和，小对比"。空间中的整体色彩以各种略有某种倾向的灰色为主，同时可以通过隔断、家具面料、室内陈设等的材料质感所带来的局部高亮度或高饱和度的色彩进行适当点缀。如图 3-9～图 3-12 所示。

图 3-9　白色

图 3-10　灰色

图 3-11　木色

图 3-12　浅色

2. 办公空间室内设计的界面处理

室内空间是无形的、弥漫扩散的，其形态必须借助于实体要素才能够得以显形。实体要素可以被人们看到和触摸到，是直接作用于感官的"积极形态"，是形成和感知空间的媒介。空间与实体要素不可分割、互为依存、虚实相生。

室内空间主要是由建筑的结构构件和维护构件等实体要素限定而成的，这些要素包括墙体、地面、顶棚、隔断、柱体、护栏等，这些限定空间的实体要素统称为界面。界面的设计就是对这些围合和划分空间的实体要素进行设计，包括根据空间的使用功能和风格、形式特点来设计界面实体的形态、色彩、质感和虚实程度，选择用材，解决界面的技术构造问题，以及处理与建筑的结构、水、暖、电、通风、消防、音响、监控等管线和设备设施的协调及配合等的关系问题。界面设计既包含功能技术要求，也包含造型美观要求，不但涉及艺术、结构、材料，还包括设备、施工、经济等多方面的因素，综合性极强。

办公空间室内各界面的处理，应考虑管线铺设、连接与维修的方便，选用不易积灰、易于清洁、能防静电的底、侧界面材料。界面的总体环境色调宜淡雅、明净，便于和谐、高效氛围的营造。办公空间室内各界面的选材用材还应该注意"精心设计、巧于用材、优材精用、常材新用"。

办公空间的顶棚是空间中的主要界面之一，应该质轻、防火并具有一定的光反射和吸声的作用。设计中最为关键的是必须与空调、消防、照明等有关设施工种密切配合，尽可能地使吊顶上部各类管线协调配置，在空间高度和平面布置上排列有序。办公空间的顶棚常选用石膏板作为基层板，其外涂刷乳胶漆，龙骨多采用耐燃和防火性能好的轻钢龙骨，如果需要木龙骨或细木工板结合制作造型，则必须在木龙骨和细木工板上按国家标准要求喷涂防火涂料至少3遍。大面积的开敞式办公空间由于要求施工工期短、更新快、经济指标低，其顶棚往往采用装配式的矿棉板，配套龙骨为T形、L形铝合金烤漆龙骨系列。除能够达到上述要求外，矿棉板的保暖、隔热、吸声性能也属良好。矿棉板的外表面一般被处理成各种花纹图案，有一定的装饰性，符合美观的要求。目前，部分办公空间的室内顶棚也有保持原始状态，不使用装修手法处理的设计方案，即各种管、线、吊件、灯具、喷淋头、烟感器、音响设备等完全暴露不作遮挡，乱中求静，为保持统一可以使用乳胶漆等涂料喷刷成一致的色调，如深灰色、淡灰色、黑色等，成本低、施工便捷、方便检修、时尚前卫。如图3-13～图3-16所示。

图3-13　空间处理

图3-14　隔墙处理

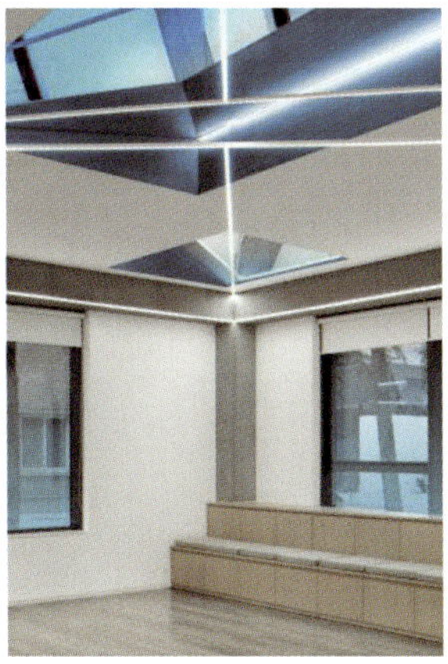

图3-15　顶棚处理

图3-16　墙面处理

办公空间的各主要立向界面是室内视觉感受较为明显的位置。造型和色彩仍以明快、淡雅为宜，有利于营造合适的办公氛围。立向界面有分隔空间、界定区域、视觉导向、装饰主题等功能。分隔空间较多地体现在平面布局时，各功能空间的划分主要通过各种材质、高低、虚实的隔墙或隔断来实现。一般来说，企事业单位都有自己的CI策划系统，包括企业理念、企业行为、企业视觉识别系统三大部分，而视觉识别系统是和室内、外空间的导向设计联系在一起的。导向设计主要围绕标识、字体、色彩、形状等进行。视觉导向在办公空间中合理的应用至关重要，办公空间形象墙、楼层指引、房间标示、交通疏导等可以有效地保障办公空间的有序、高效。视觉导向通常是以各种与空间设计语言相协调的导向符号和表达方式通过立向界面来实现的。

办公空间的墙体是立向界面的主力军，是限定空间的基本部件。通常，主要通过墙体实现对空间的分隔与围合；隔断也是空间中常见的立向界面之一，不起承重的作用，所以在形状和围合方式上具有更多的可能性，既可以划分空间，还可以增加空间的层次感，组织人流路线，增加可依托边界。办公空间的立向界面多以各色的乳胶漆涂刷，也可以使用壁纸贴饰，装饰标准较高的办公空间的墙面还可以使用榉木、胡桃木、樱桃木、泰柚木等装饰夹板进行表面装饰。处理成各种表面肌理效果的石材也是高档办公空间的常用装饰材料。例如，同样是使用蓝钻花岗石装饰空间中的局部墙体，既可以选用表面抛光的板材，也可以选用将其表面进行机械刨制出装饰条纹的板材，这都可以根据设计的效果进行配合。加工方便、耐久性好、防火级别较高的防火板也是办公空间各个界面常见的装饰材料，防火板的表面效果丰富多彩，可以逼真地模仿各种木材、石材、皮革、金属等的肌理和图案。塑铝板在办公空间中的应用也越来越广泛，其便于加工、易于清洁、视觉感受清新大方。实际设计的过程中，所能够采用的材料多种多样，最终是否能够达到理想效果关键取决于设计师的实践经验和设计能力。如图3-17～图3-20所示。

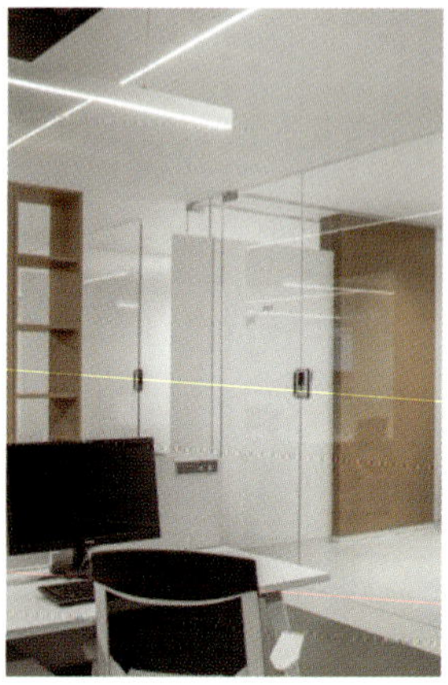

图 3-17　玻璃材质

图 3-18　木纹材质

图 3-19　石材

图 3-20　织物材质

地面是室内空间的基础平面，需要支持承托人体、家具、设备设施等重量，在室内空间中是与人接触最密切、使用最频繁的部位。办公空间的地面设计应该考虑降低噪声，防火、防污，管线铺设，以及与电话、计算机等的连接问题。选材和构造必须坚实和耐久，足以经受持续的磨损、磕碰和撞击。根据设计需要，有的空间还应考虑交通导向问题，可以通过不同区域铺装不同材料的手法进行区域划分与人流导向。开敞式的办公空间有利于办公人员之间、团队之间的联系，提高办公设施、设备的利用率。相对于小单间办公室而言，大空间办公空间减少了公共交通和结构面积，缩小了人均办公面积，从而提高了办公建筑主要使用功能的面积占有率。但是大办公空间室内容易嘈杂、混乱，相互干扰较大，所以对于各界面的处理要求也就更高，其中地面的吸声、管线暗藏作用不可忽视。办公空间的地面常见的装饰用材有：花岗石、大理石、陶瓷锦砖、预制水磨石、实木地板、复合木地板、PVC 卷材、表面涂漆处理的水泥地面、地毯、水泥纤维板、钢化玻璃、玻璃砖等。如图 3-21～图 3-24 所示。

图 3-21　石材

图 3-22　地毯

图 3-23　地胶

图 3-24　木地板

3. 办公空间室内设计的家具

当前，许多设计师的习惯只把界面设计作为设计的主要内容，其他问题由业主来解决。业主虽然有着自己的欣赏习惯和个性化的爱好，但缺乏把握整体效果的专业技能，无法准确地体现设计意图，往往后期配置得不当，影响甚至破坏了整体效果，不能达到预期的效果。所以，负责任的设计师应该坚持将设计深化到包括家具、灯具、照明、陈设在内的完整的设计，这无疑对设计师的专业素质提出了更高的要求。

家具在体量、色彩、尺度、造型风格等方面，对室内空间的整体效果都会产生很大的影响。设计师应该注意学习和掌握家具设计的专业知识，才能很好地把握家具和室内空间的恰当配合关系，提升室内设计的整体水平。

现代办公空间常见的家具有：隔断、微机台、写字台、大班台、半封闭式工作间、卡片文档柜、书柜、接待台、排列式工作台、组合式工作台、会议桌、会议椅、沙发、茶几等。一方面，良好的办公家具应该符合人体工程学的要求，使用方便，有助于提高工作效率；另一方面，办公家具还应具有装点办公空间的作用。办公家具的主要特点是体量大小各异、品类复杂多样、实用性强、外形美观、款式新颖、坚实耐用、工艺精细。在科技高度发展的今天，绝大多数办公室都配备了计算机以及各种专门的办公设备、服务设施。一般在办公家具选配时，就应该考虑到它们的款式、造型、功能等因素。办公家具的款式和造型也往往独具特点，有一定的标示性和象征性。不同的办公空间环境有不同的特点，而办公家具常常成为空间环境功能特点的主要体现者和构成因素。办公家具的选用和室内布置，直接影响到办公空间的工作环境和工作效率，办公空间的家具设计与选用应以创造合理的办公环境和提高工作效率为重要原则。如图 3-25～图 3-28 所示。

图 3-25　茶水间

图 3-26　接待区

图 3-27　洽谈区 3

图 3-28　阅读区

4. 办公空间室内设计的陈设

室内陈设在室内空间设计中常起到画龙点睛的作用，它能充分表达出业主的审美习惯与品物修养。在特定的位置安排恰当的陈设品是个性化、艺术化不可缺少的处理手段。为了能够很好地完成室内装饰的后期配置工作，设计师必须对陈设有专业的理解和较高的品物修养。

现代办公空间具有高效、灵活的特点，是处理行政事务和信息的场所，空间环境的舒适度对办公效率有很大影响。办公空间的环境以简洁为主，主要的陈设品应是与办公有关的物品。为了不使办公环境显得单调，可通过一些设计手法的运用来丰富环境，其中最简单易行的就是布置一些陈设品，如挂画、小型室内雕塑，也可以放置绿色植物和花卉，能给办公空间带来生气，对于调节身心、提高办公效率十分有益。办公空间的陈设品，除方便使用、有助于提高工作效率外，陈列的位置也应该恰当，不应该对工作生产产生妨碍。如图 3-29～图 3-32 所示。

5. 办公空间室内设计的照明

在办公空间中，普通员工的办公空间所占比例通常最大，而且多为大中型。办公家具根据需要经常变动，隔断也可以随时添加、移动或撤换，所以在照明设计环节时，要考虑到无论办公空间如何布置，总是能够适应工作台面照明的需要。

图 3-29　装饰品装饰

图 3-30　家具装饰

图 3-31　绿植装饰

图 3-32　艺术品装饰

在办公空间应有较高的照度，因为工作人员在此环境中多以文字性工作为主且时间较长，同时，增加室内的照度也会给人开敞的感觉，从而有助于提高工作效率。通常读书类的视觉工作中至少需要 500 lx 的照度，而在特殊情况下，为了进一步减少眼睛的疲劳，局部照度就需要 1000～2000 lx 的照度。

办公室一般在白天的使用率最高，从光源质量到节能角度考虑，都会大量采用自然光照明，因此办公空间的人工照明要与自然采光相结合，创造出合理舒适的光环境。单独的自然采光会使窗口周围的照度较高，而远离窗口的环境缺乏理想的照度，在这些照度不足的地方就要补充照明。但是自然光不是稳定光源，随着时间的变化、气候的变化，自然光的质量也将发生变化，所以对于室内人工照明来说就要考虑可调节性。一般可采用分路照明和调光照明两种方式。分路照明是把室内人工照明分路串联成若干线路，根据不同情况通过分路开关控制室内人工照明，使办公室总体照明达到一定平衡。调光照明是在室内人工照明系统中安装调光装置，通过特定设置对室内照明进行控制，也可以两种方法综合在一起使用。

办公空间是进行视觉工作的场所，特别是要进行文字工作，所以减少眩光问题就尤其重要。一般在宽大的房间中，顶棚的光源易进入人的视线范围，从而产生眩光，所以要对顶部光源进行处理，可采用隔栅来对光源进行遮挡。另外，减少顶棚的光源的亮度，在工作台面及活动区域增设可移动的光源，对局部进行照明，以增加局部所需要的照度。减少桌面以及周围环境中的反射眩光，在局部设置如台灯、落地灯、壁灯等位置较低的光源时，应该对灯光进行遮挡，避免光源暴露在视线范围内。

除一般照明外，最常见的就是台面上的局部照明。配有白炽灯泡的台灯多用于装饰照明或气氛照明，而用于工作照明就不太理想，因为它在工作台面的布光不均匀，而且热辐射也较高。对于装配荧光灯并紧贴办公桌的反射式灯具，灯具的安装位置应离桌面 300～600 mm，并应设有遮光灯罩。若灯具设置高度低于 300 mm，工作面内的照度会分布不均匀，以至于周围物体会产生对比强烈的阴影；若灯具设置高度高于 600 mm，阴影问题会减少，但看到光源的可能性会增大，降低照明的效率。

二维码 3-2

会议室的家具布置没有办公室那样复杂，使用功能也相对简单。所以对于照明设计来说，会议室的主要任务是使会议桌上的照度达到标准，并且照度均匀。但对于整个会议室空间来说，不一定要求照度均匀，相反，在会议桌以外的周边环境创造一定的气氛照明，会产生更理想的效果。展板、黑板、投影屏幕、陈列品的照明需要在设计时特别注意。如图 3-33～图 3-36 所示。

图 3-33　线性灯照明

图 3-34　顶部照明

图 3-35　自然光照明

图 3-36　局部光照明

知识点四、设计表现任务分析

设计是一个提出问题到解决问题的过程。当拿到任务书之后，首先要给自己提问题：这个会议室将来的使用者是谁？公司人员和客户的数量是多少？工作人员的年龄结构和文化层次如何？会议室的工作用途是什么？甲方对于办公方式、空间使用和环境形象有什么具体要求？建筑坐落在什么地方？现场与周边的环境如何？企业的 CI 设计怎样？在室内设计中如何体现企业形象？项目资金投入多少？对以上问题的充分回答，将有助于设计思考，有助于合理、有效、系统地开展后续设计工作。

1. 确定空间设计目标

办公室室内设计的目标是为工作人员创造一个舒适、方便、安全、高效、快乐的工作环境。其中“舒适”涉及建筑声学、光学、热工学、环境心理学、人体工程学等范畴；“方便”涉及空间流线分析、人体工程学的内容，“安全”涉及消防、构造等方面。办公室的设计要顾及公司所有员工的审美需要和功能要求。

2. 根据工作特性进行各个功能区的划分

办公室各个功能区有各自的特点。如财务室应防盗，经理室要求较强的私密性，办公室要求高效实用。因此，在设计中可以将经理室和财务室设计成易于相互沟通的封闭空间；员工工作区设计成开放式区域且与休闲室相连，便于员工工作之余的休息；洽谈区应靠近门厅和会客区。

3. 空间流线组织

室内空间流线应该“顺”而不乱。所谓“顺”，是指导向明确，通道空间充足，区域布局合理。在设计过程中，可以通过草图的方式，对室内流线进行分析，模拟内部员工与外来客户在室内的行走路线，检查是否有交叉，是否顺畅。

4. 空间深化设计

综合考虑平面布局的各项要素之后，基本确定空间规划的初步方案，再进行进一步深化。这个阶段要仔细推敲空间规划，特别要考虑好空间流线的问题，准确计算空间区域的面积，确定空间分隔的尺度和形式。然后对各功能分区的家具和设备进行平面布局，同时考虑地面的具体处理。接下来，根据空间功能分区的平面布置进行相应的顶面设计。顶面设计的重点是结合中央空调、消防喷淋的设计，布置各种类型的灯具。设备管道和布光设计有很强的技术规范，会限制天花的形式，要将这些限制条件转化为可利用的因素，通过造型的变化来解决技术问题。办公室灯光设计要注意以下事项。

(1)办公室的工作照明对照度要求比较高，应该符合相应的国家标准。

(2)办公室工作区的照明常用格栅荧光灯，以获得较均匀的照明。

(3)尽量采用人工照明与天然采光结合的照明设计。

(4)视觉作业的邻近表面以及室内装饰材料宜采用无光泽或低光泽的装饰材料，以防眩光的产生。

(5)办公室的全面照明适宜设在工作区的两侧，不宜将灯具布置在工作区的正前方。

(6)在难以确定工作位置时，可以选用发光面积大，亮度低的双向蝙蝠翼式配光灯具。

(7)需要使用计算机的办公室，应避免在屏幕上出现人与物(灯具、家具和窗户)的映象。

(8)会议室的照明以照亮会议桌为主，创造一种中心和集中的感觉。

完成空间平面布局和天花设计后，可进入空间立面的设计。办公室要重点表现的立面是门厅的主立面、接待室、会议室和管理层办公室。平面、顶面与立面设计不是完全分割的，应该有整体设计的概念。进行平面规划时，头脑中应该已想好具体的空间分隔方式、界面形态、顶面造型与照明效果。所以，做完立面设计以后，需要勾勒出空间的透视草图，将立面、顶面和家具都表现出来，若不协调，应不断调整方案，直至达到和谐的效果为止。

任务二　简约风小型会议室空间结构建模

本项目的简约风小型会议室是以冷灰色调为主基调的，并大胆采用了色彩的对比，在细节设计上融入了企业文化以及精致的陈设品，本项目还采用了大面积玻璃窗的设计，以增加员工对企业的信心和自豪感。

知识点一、会议室空间主体结构创建准备

(1)打开 3ds Max 软件，在菜单【自定义】下的【单位设置】中，将【显示单位设置】和【系统单位设置】的数值设置为【毫米】和【1 单位 =1.0 毫米】。

(2)选择【菜单】栏中【文件】下的【导入】，执行【导入】命令，在弹出的【选择要输入的文件】对话框中选择“随书配套二维码 \ 项目三 \ 案例”下的相关 DWG 文件，分别是平面、立面、顶面的图纸，如图 3-37 所示。

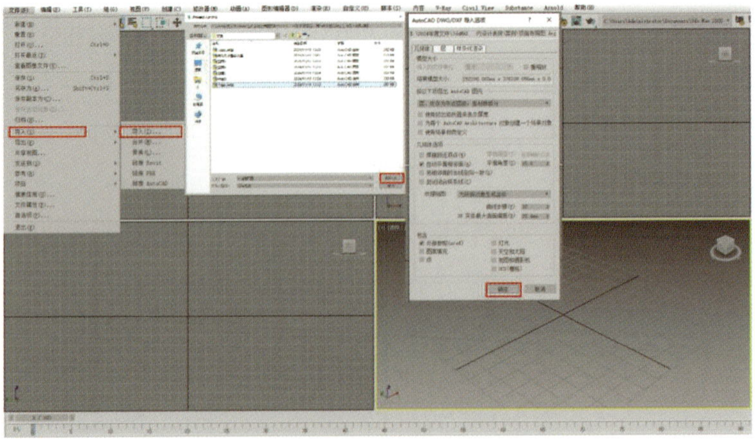

图 3-37

(3) 把墙体立面 A 用同样的方法导入，然后点击【旋转】按钮(点击右键可进行输入数值的旋转)，在【前】视图中沿 X 轴旋转 90° ，在【顶】视图中沿 Z 轴旋转 90° 。

(4) 使用相同的方法将立面 B、立面 C 和立面 D 分别进行导入并且旋转，旋转结果如图 3-38 所示。

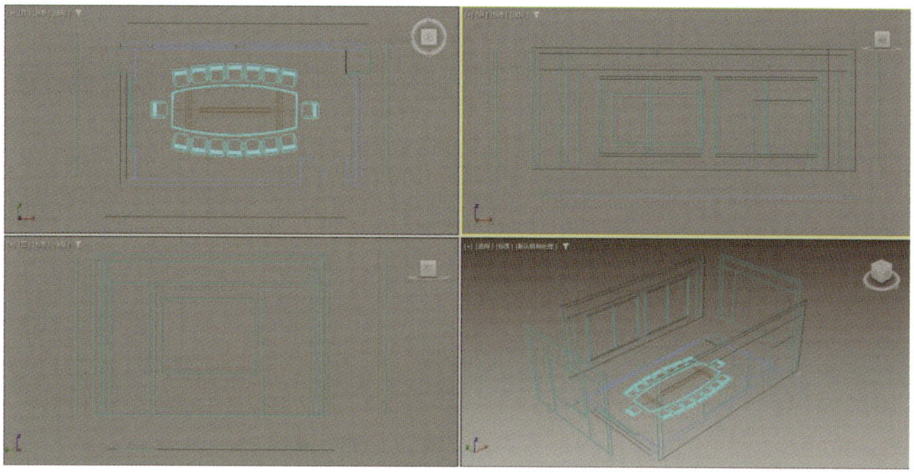

图 3-38

(5) 右键点击【捕捉】按钮，在弹出的【栅格和捕捉设置】对话框中启用【顶点】和【端点】选项。

(6) 激活【透视】视图，按【ALT+W】键或者点击屏幕右下方的【最大化视口切换】键，将【透视】视图最大化显示。单击【选择并移动】按钮，捕捉立面 A 图形的顶点，然后按住左键移动立面 A，使其与会议室平面图的边界相交。

(7) 使用相同的方法将立面 B、立面 C 和立面 D 图形分别与平面图的边界相交，如图 3-39 所示。

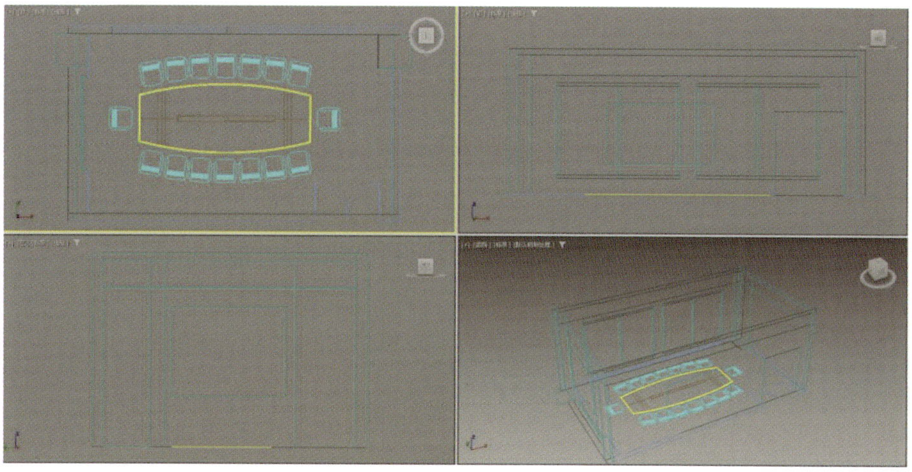

图 3-39

二维码 3-3

知识点二、会议室空间主体结构创建

1. 会议室空间地面建模

(1) 选中立面 A、立面 B、立面 C 和立面 D，在视图中右键点击，选择【隐藏选定对象】，选中会议室平面，在视图中点击右键，选择【冻结当前选择】。

(2) 右键点击工具栏中的【捕捉】按钮，在弹出的对话框中勾选【捕捉】选项下的【顶点】和【选项】下的【捕捉到冻结物体】，关闭对话框。应用捕捉顶点的方式来重描会议室的平面线，既快速又准确，线条的起点与终点相遇时会有对话框弹出，一定要点击【是(Y)】按钮，使线条成为闭合的曲线。

(3) 点击修改面板下的【挤出】按钮，将绘制曲线挤出一个【－100】的厚度值，如图 3-40 所示。

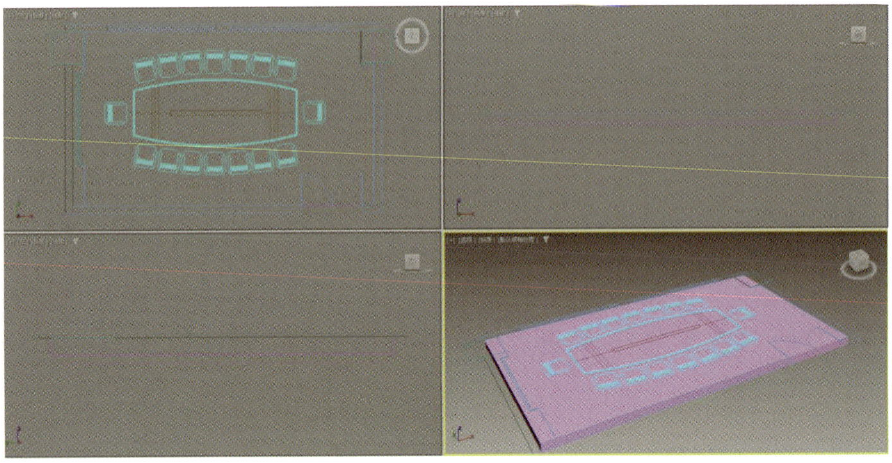

图 3-40

2. 会议室空间立面建模

(1) 在视图中点击右键，选择【全部取消隐藏】，显示出全部物体。

(2) 点击【选择并移动】工具，选择立面 A 图形，视图中点击右键，选择【隐藏未选择物体】，再点击右键，选择【冻结当前选择】，冻结立面 A。

(3) 右键点击工具栏中的【捕捉】按钮，在弹出的对话框中勾选【捕捉】选项下的【顶点】和【端点】，勾选【选项】下的【捕捉到冻结物体】。

(4) 点击【创建】下【图形】工具下的矩形，在【左】视图重描立面 A，在绘制背景墙区域时取消勾选【开始新图形】，使绘制的线条成为一个整体，单击修改面板下的【挤出】命令，然后设置挤压值为【－350】，如图 3-41 所示。

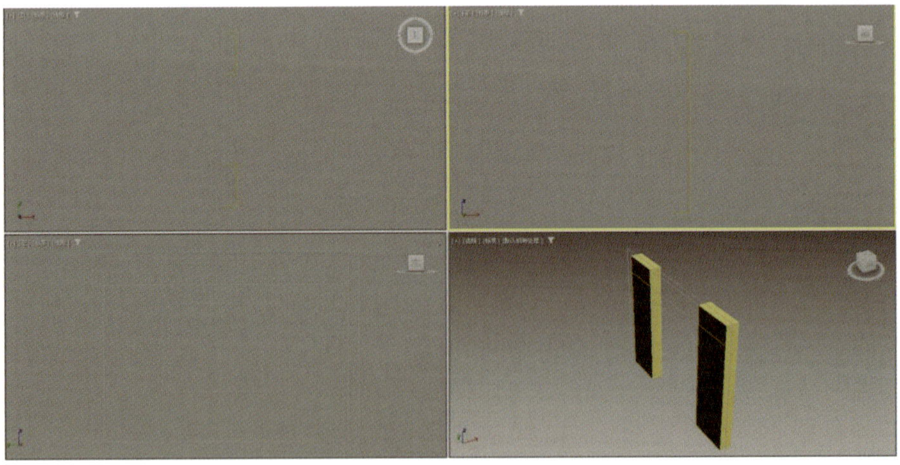

图 3-41

(5) 用矩形样条线重描立面 A 中间的区域，单击修改面板下的【挤出】命令，然后设置挤压值为【－150】，如图 3-42 所示。

(6) 将立面 D 图形显示，并且隐藏其他图形，点击【创建】下【图形】工具下的线，在【前】视图重描立面 D，单击修改面板下的【挤出】命令，然后设置挤压值为【240】，如图 3-43 所示。

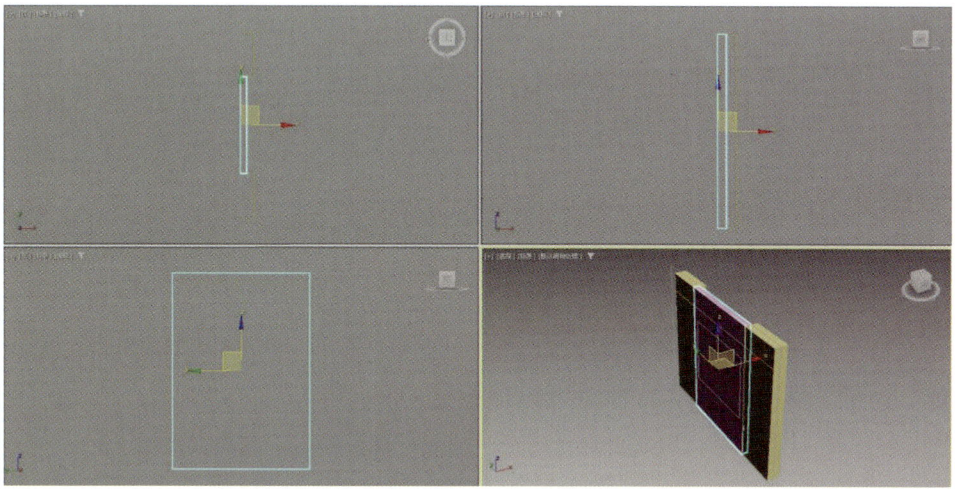

图 3-42

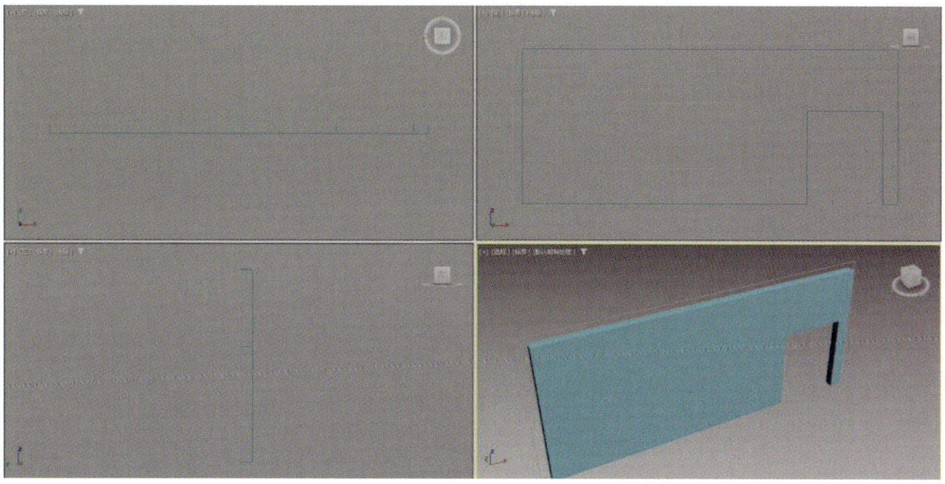

图 3-43

(7)将立面 C 图形显示，并且隐藏其他图形，点击＋【创建】下【图形】工具下的矩形，在【左】视图重描立面 D，分两次绘制，单击修改面板下的【挤出】命令，然后设置挤压值为【400】【80】，如图 3-44 所示。

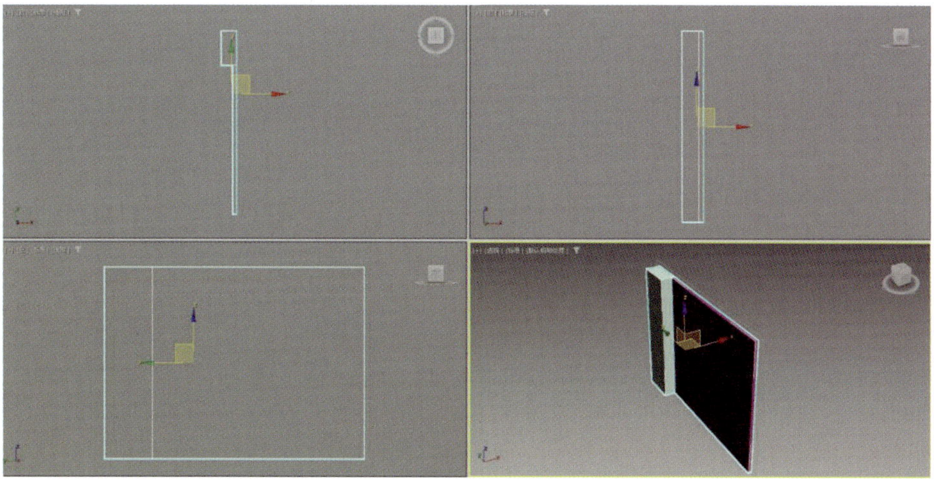

图 3-44

(8)将立面 B 图形显示，并且隐藏其他图形，点击＋【创建】下【图形】工具下的矩形，在【前】视图重描立面 B，单击修改面板下的【挤出】命令，然后设置挤压值为【 −240 】，创建出窗洞，如图 3-45 所示。

二维码 3-4

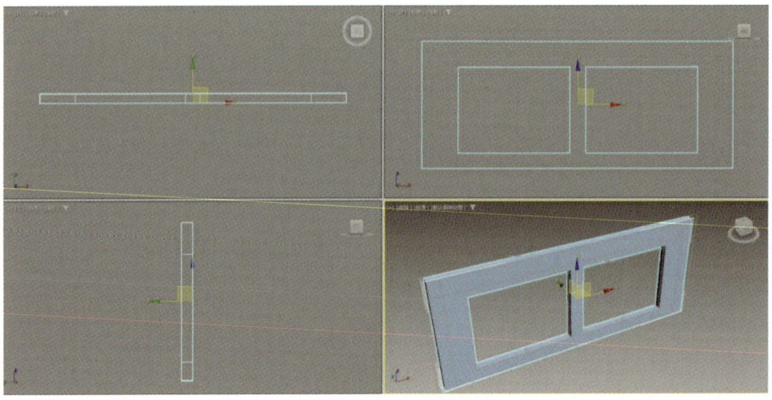

图 3-45

3. 会议室空间吊顶建模

(1) 保存文件，选择菜单栏中的【文件】下的【导入】，执行【导入】命令，在【顶】视图中输入顶面布局图，再绘制顶面造型，如图 3-46 所示。

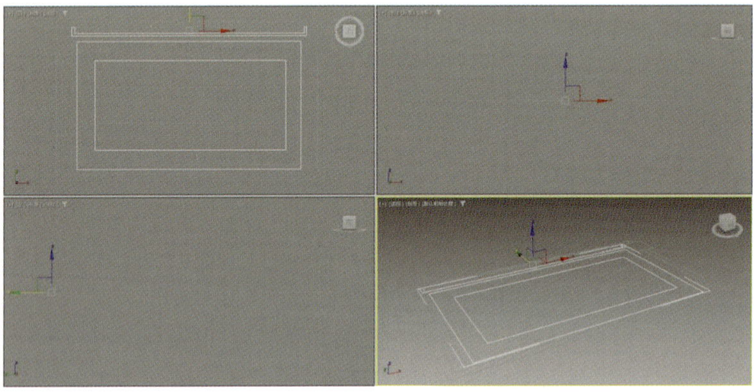

图 3-46

(2) 选中绘制的顶面图形，在修改面板中选择【编辑多边形】，在【编辑多边形】面板下选择【多边形】选项，进行【挤出】操作，在弹出对话框中输入【 150 】，点击按钮，再进行两次【挤出】操作，在弹出对话框中分别输入【 100 】【 100 】，点击按钮。如图 3-47 所示。

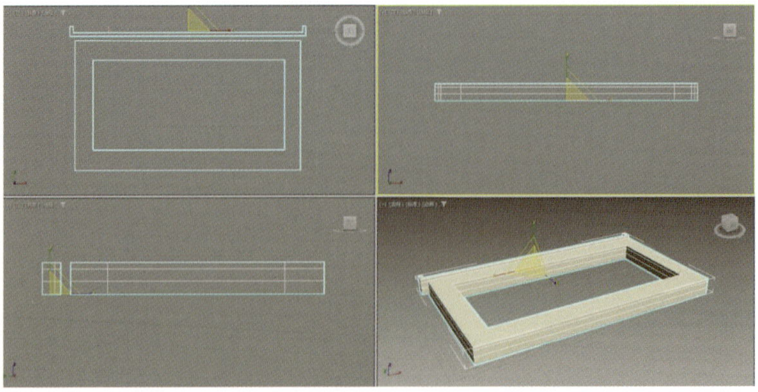

图 3-47

(3) 在【编辑多边形】面板下选择【顶点】选项，点击【选择并均匀缩放】，右键点击视图，选择切换成

【左】视图,选择第一排、第二排顶点。

(4) 右键点击视图,选择切换成【顶】视图,点击【选择并均匀缩放】,在弹出的面板中设置数值【90%】进行均匀缩放,如图 3-48 所示。

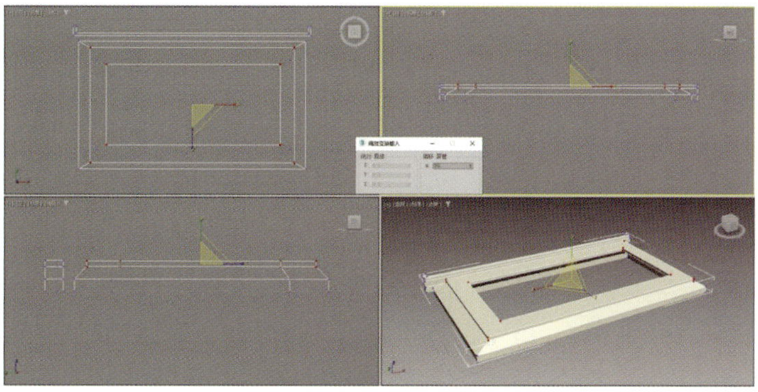

图 3-48

(5) 点击【创建】下【图形】工具下的矩形,打开【捕捉】,在【顶】视图绘制图形,选择图形,点击右键,依次选择【转换为】【转换为可编辑样条线】,在【可编辑样条线】面板下执行【样条线】命令。

(6) 选中样条线,在面板的参数项【几何体】下选择样条线【轮廓】,执行参数为【550】的轮廓命令。

(7) 退出编辑,选中样条线,单击修改面板下的【挤出】命令,然后设置挤压值为【50】,创建出吊顶,如图 3-49 所示。

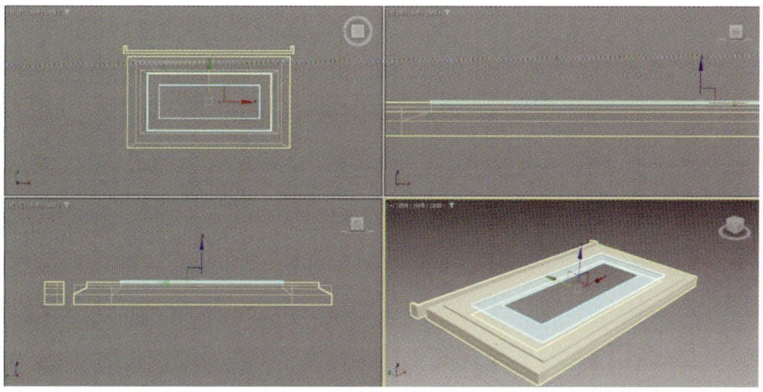

图 3-49

(8) 点击【创建】下【图形】工具下的矩形,打开【捕捉】,在【顶】视图绘制图形,并且选择图形,单击修改面板下的【挤出】命令,然后设置挤压值为【-10】,创建出发光灯片,如图 3-50 所示。

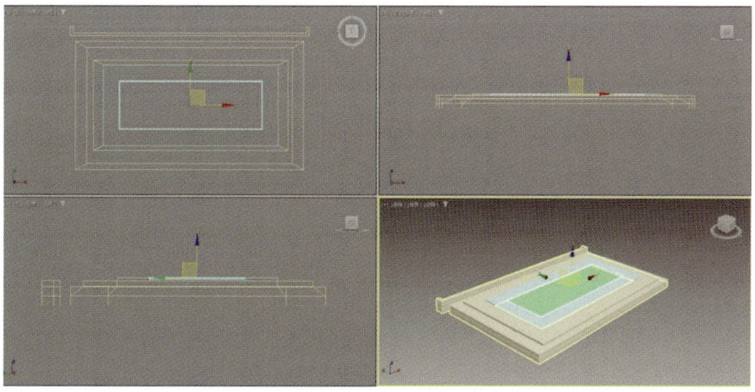

图 3-50

(9)点击【选择并移动】工具，打开【捕捉】，在【透视】视图中把创建的吊顶造型移动、对齐到之前的会议室空间中，如图 3-51 所示。

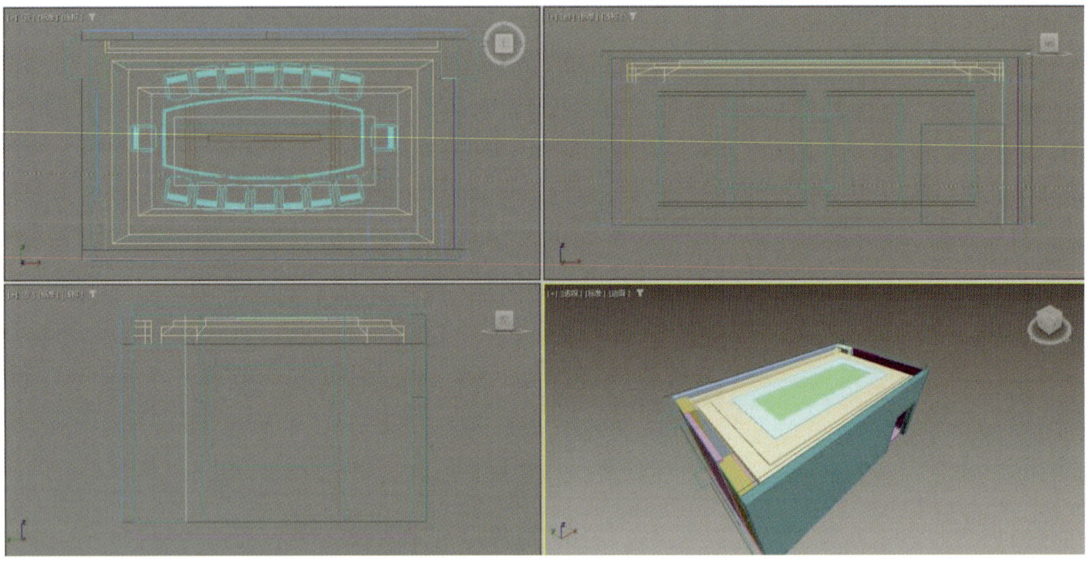

图 3-51

(10)点击【创建】下【图形】工具下的矩形，打开【捕捉】，绘制一个矩形，点击修改面板下的【挤出】命令，然后设置挤压值为【50】，利用【选择并移动】工具，在【前】视图或【左】视图中将矩形垂直移动到合适位置，作为空间的原始顶面，如图 3-52 所示。

二维码 3-5

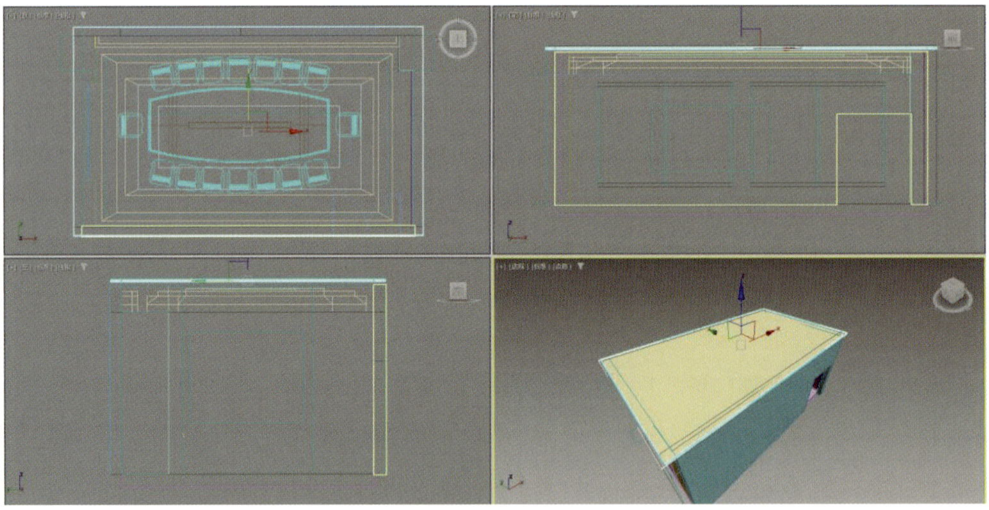

图 3-52

4. 会议室整体空间的完善

(1)在【文件】下的【导入】中选择【合并】，将会议室内部需要的家具、装饰画、吊灯、窗帘、窗户等模块合并到场景，使场景符合设计要求。

(2)点击【创建】下【图形】工具下的线，在【顶】视图绘制图形，并且选择图形，点击修改面板下的【挤出】命令，然后设置挤压值为【8000】，创建出外景。

(3)会议室的主体空间就基本制作完成，在空间中设置摄像机，调整摄像机到合适的位置，把相机移出模型，利用相机面板中的剪切平面，使空间视图更加合理，如图 3-53 所示。

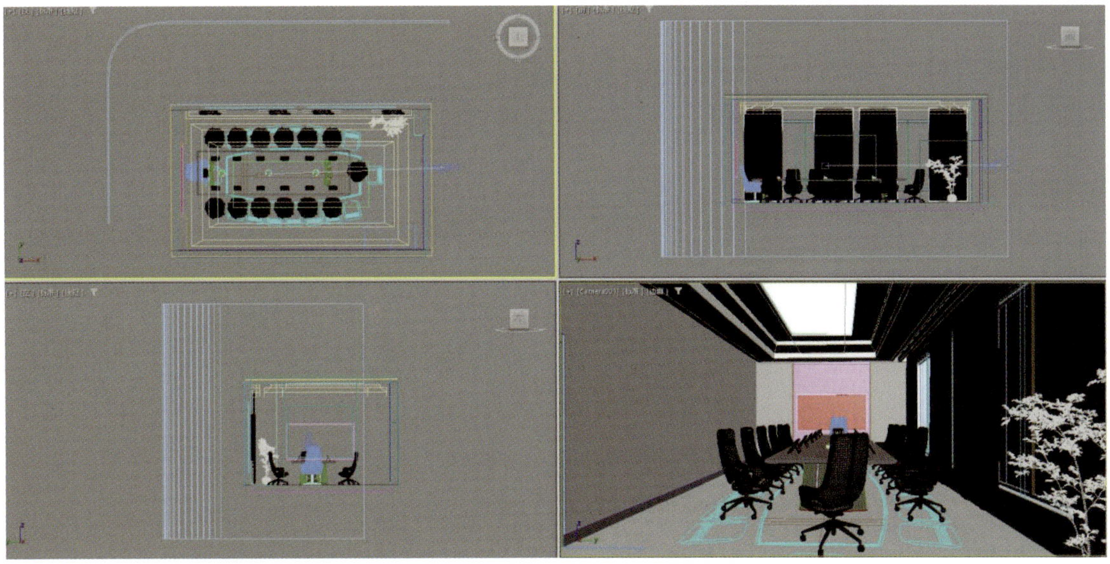

图 3-53

任务三　简约风小型会议室空间材质设置

知识点一、会议室空间场景初步设置

1. 渲染场景初步设置

在效果图初调灯光的过程中，为了调整的方便和快捷，需要对 VRay 渲染器进行设置，调到预览草图的级别，这样在调节场景中的灯光时，可以更快地观察灯光的变化。

(1) 按【F10】键，在弹出的【渲染设置】对话框中选择【渲染器】栏，选择渲染器 VRay 6 Hotfix1【VRay6.1 版】选项，选择指定渲染器。

(2) 在弹出的【渲染设置】对话框中选择【公用】选项卡，在【公用】卷展栏中选择【公用参数】下的【输出大小】，设置宽度和高度，尺寸尽可能小一些，只要可以查看效果图大致关系即可，锁定图像纵横比，比例根据宽度和高度尺寸而设定。

(3) 选择【VRay】选项卡，在【全局开关】卷展栏中，模式设置为【高级模式】，【默认灯光】下选择【关闭全局照明(GI)】。

(4) 选择【VRay】选项卡，在【图像采样器(抗锯齿)】卷展栏中，将图像采样器类型设置为默认选项【渲染块】，取消勾选【图像过滤器】。

(5) 选择【GI】选项卡，在【全局照明】卷展栏中，勾选【启用 GI】，【首次引擎】下选择【发光贴图】，【二次引擎】下改为【灯光缓存】。

(6) 在【发光贴图】卷展栏中，【当前预设】方式设置为【自定义】，将【最小比率】值设置为【-4】，将【最大比率】值设为【-4】，将【细分】值设为【50】，【插值采样】值设为【20】。

二维码 3-6

(7) 进入【灯光缓存】卷展栏中，将【细分】值设为【200】。

(8)选择【设置】选项卡，进入【系统】卷展栏，将【序列】方式设置为【上→下】的方式。

2. 材质编辑器初步设置

(1)打开材质编辑器，选择一空白材质球，设置材质类型为 VRay Mtl【VRay 材质】。

(2)点击该材质球，并将其拖拽至其他空白材质球，使其他类型的材质球也成为 VRay Mtl【VRay材质】。

知识点二、会议室空间整体材质设置

1. 地面材质设置

(1)打开材质编辑器，选择一空白材质球，命名为【地面石材】。

(2)在【漫反射】贴图通道里，贴一个石材的材质贴图，该贴图为“随书配套二维码 \ 项目三 \ 贴图 \ 浅灰水泥纹地砖 .jpg”文件，用来模拟真实世界里地砖的纹理和颜色。在贴图面板【凹凸】通道里指定一个和漫反射通道一样的贴图，并将参数值设置为【30】，【反射】颜色 RGB 值设置为【27，27，27】，其余参数保持默认。单击【将材质指定给选定物体】按钮，将材质指定给空间地面。参数设置如图 3-54 所示。

2. 墙体、顶面、吊顶材质设置

(1)设置会议室墙体、顶面、吊顶的材质。

①打开材质编辑器，选择一空白材质球，命名为【乳胶漆】。

②在【漫反射】贴图通道里，颜色 RGB 值设置为【255，255，255】，其余参数保持默认。单击【将材质指定给选定物体】按钮，将材质指定给空间原始墙体、原始顶面、吊顶。参数设置如图 3-55 所示。

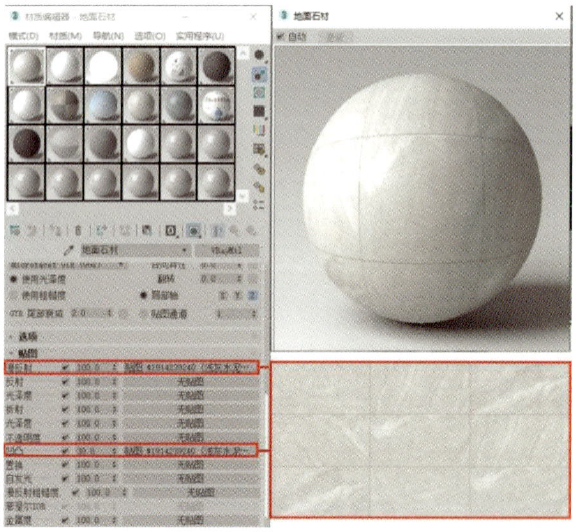

图 3-54

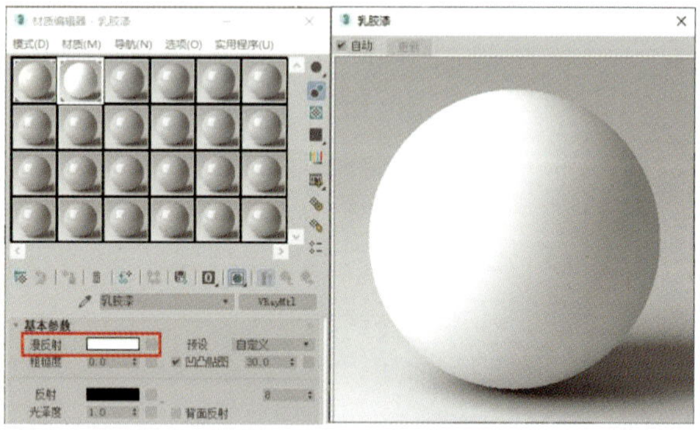

图 3-55

(2)设置会议室装饰墙的材质。

①打开材质编辑器，选择一空白材质球，命名为【白板墙】。

②在【漫反射】贴图通道里，贴一张装饰白板绘画的材质贴图，该贴图为“随书配套二维码 \ 项目三 \ 贴图 \ 白板贴图 .jpg”文件，用来模拟真实世界里地砖的纹理和颜色。在贴图面板【凹凸】通道里指定一张凹凸贴图，该贴图为“随书配套二维码 \ 项目三 \ 贴图 \ 白板贴图通道 .jpg”文件，并将参数值设置为【50】，【反射】颜色 RGB 值设置为【30，30，30】，【光泽度】值设置为【0.9】，其余参数保持默认。点击【将材质指定给选定物体】按钮，将材质指定给装饰墙面。参数设置如图 3-56 所示。

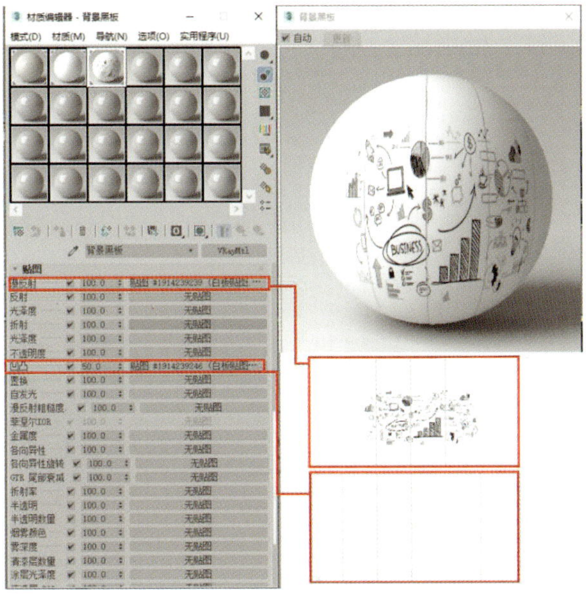

图 3-56

(3)设置会议室背景墙的材质。

①打开材质编辑器，选择一空白材质球，命名为【背景墙木饰面】。

②在【漫反射】贴图通道里，设置【衰减】贴图，在 Falloff【衰减】参数面板下前、侧的黑色贴图通道中贴一张木饰面材质贴图，该贴图为“随书配套二维码 \ 项目三 \ 贴图 \ 原木色木纹 .jpg”文件，用来模拟真实世界里木纹的纹理和颜色。颜色 RGB 值设置为【244，232，223】，衰减类型为【Fresnel】(菲涅尔)。【反射】贴图通道里设置 Falloff【衰减】贴图，Falloff【衰减】参数面板保持默认参数。

二维码 3-7

③在贴图面板【凹凸】通道里指定一张凹凸贴图，该贴图为“随书配套二维码 \ 项目三 \ 贴图 \ 原木色木纹 .jpg”文件，并将参数值设置为【50】。参数设置如图 3-57 所示。

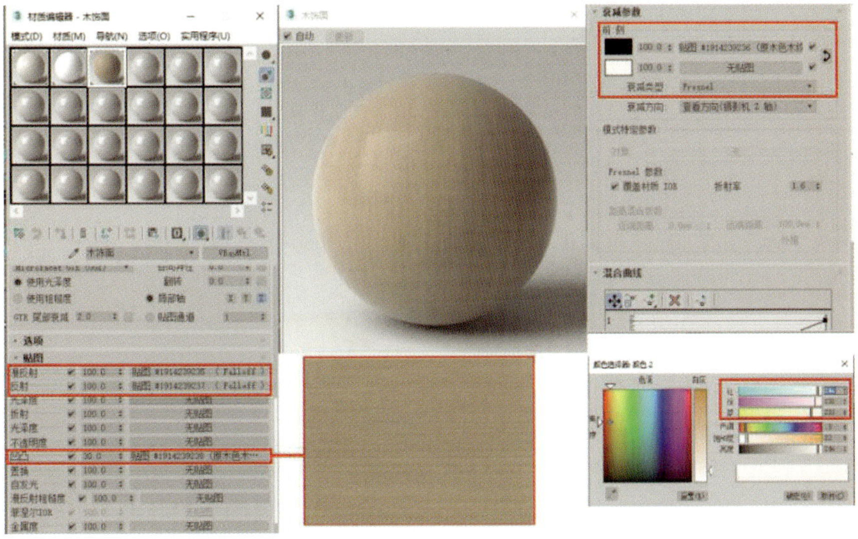

图 3-57

3. 壁纸材质设置

(1)打开材质编辑器，选择一空白材质球，命名为【壁纸】。

(2)在【漫反射】贴图通道里，贴一张装饰壁纸的材质贴图，该贴图为“随书配套二维码\项目三\贴图\仿墙面壁纸.jpg”文件，【基本参数】面板下的【粗糙度】设置为【0.3】，用来模拟真实世界里壁纸的纹理和颜色。【反射】贴图颜色RGB值设置为【5,5,6】，【光泽度】设置为【0.65】，在【双向反射分布函数】下拉栏中选择【Phong】，获得柔然对比阴影。

(3)在贴图面板【凹凸】通道里指定一张凹凸贴图，该贴图为“随书配套二维码\项目三\贴图\仿墙面壁纸.jpg”文件，并将参数值设置为【30】。参数设置如图3-58所示。

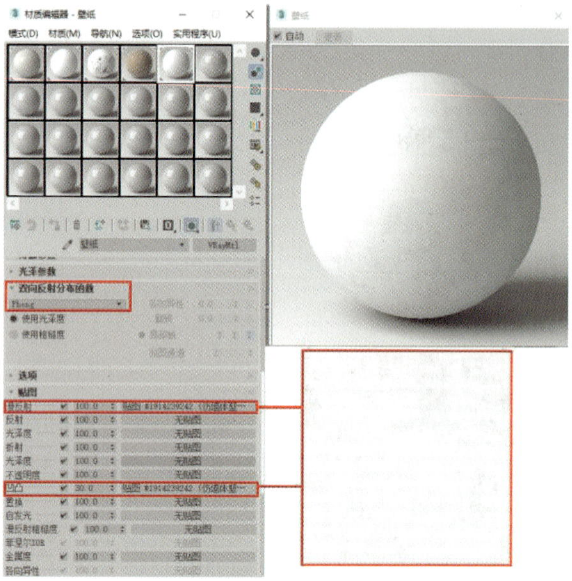

图3-58

4. 踢脚线材质设置

(1)打开材质编辑器，选择一空白材质球，命名为【深色乳胶漆】。

(2)在【漫反射】贴图通道里，颜色RGB值设置为【20,20,20】，其余参数保持默认。参数设置如图3-59所示。

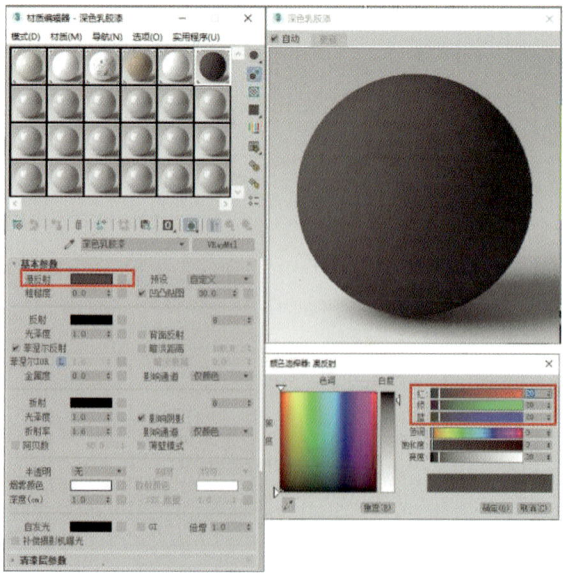

图3-59

5. 窗帘材质设置

(1)设置会议室纱帘的材质。

①打开材质编辑器，选择一空白材质球，命名为【纱帘】。

②在【漫反射】贴图通道里指定一个贴图，该贴图为“随书配套二维码\项目三\贴图\布纹.jpg”文件。

③在【不透明度】贴图通道里指定一个Mix【混合屏蔽】贴图，混合参数中色彩保持默认，【混合量】贴图通道里指定一个贴图，该贴图为“随书配套二维码\项目三\贴图\布纹2.jpg”文件。参数设置如图3-60所示。

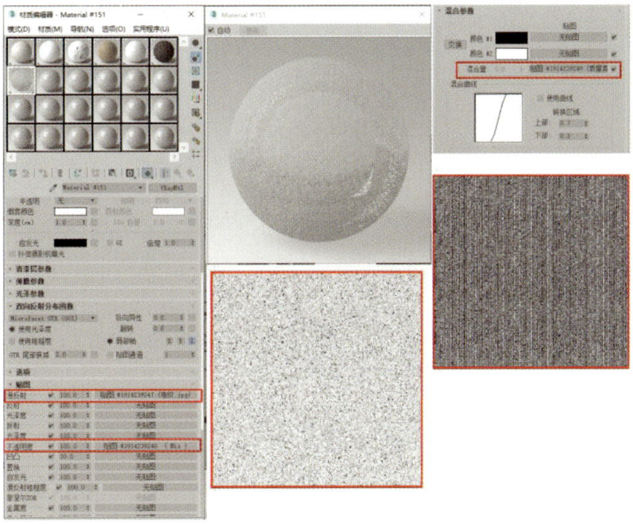

图3-60

(2)设置会议室窗帘的材质。

①打开材质编辑器，选择一空白材质球，命名为【窗帘】。

②在【漫反射】贴图通道里设置【衰减】贴图，在Falloff【衰减】参数面板下前、侧的数值设置为【30，41，45】【173，182，175】，衰减类型为【Fresnel】(菲涅尔)。参数设置如图3-61所示。

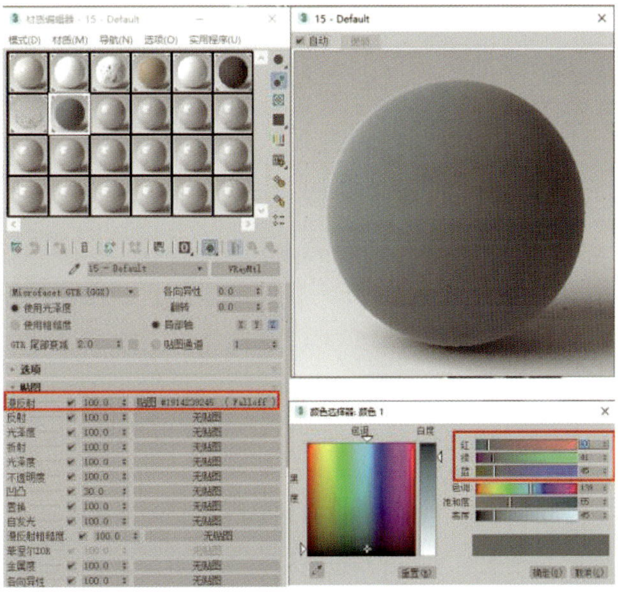

图3-61

6. 发光灯片材质设置

(1)打开材质编辑器，选择一空白材质球，命名为【灯片】，设置材质类型为【VRay_灯光材质】。

(2)在【灯光材质参数】面板里设置颜色为【白色】，强度为【1.0】，如图3-62所示。

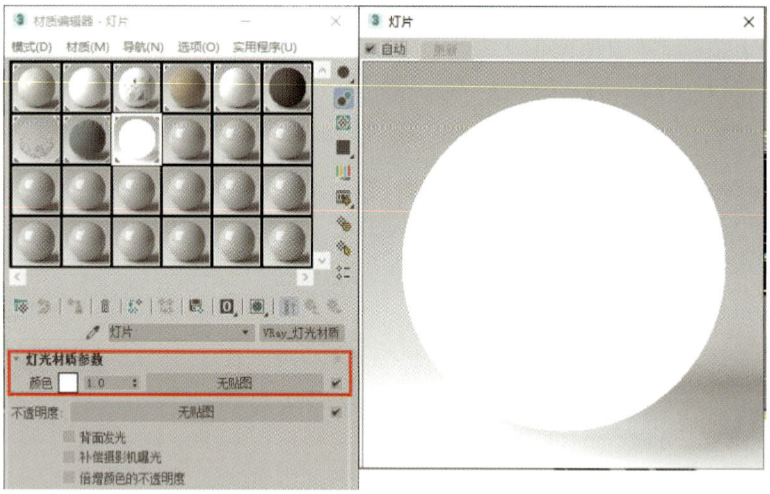

图 3-62

7. 外部环境材质设置

(1)打开材质编辑器，选择一空白材质球，命名为【外景】。

(2)在【漫反射】贴图通道里，贴一个装饰画的材质贴图，该贴图为“随书配套二维码＼项目三＼贴图＼高层外景.jpg”文件，用来模拟真实的外部环境。参数设置如图3-63所示。

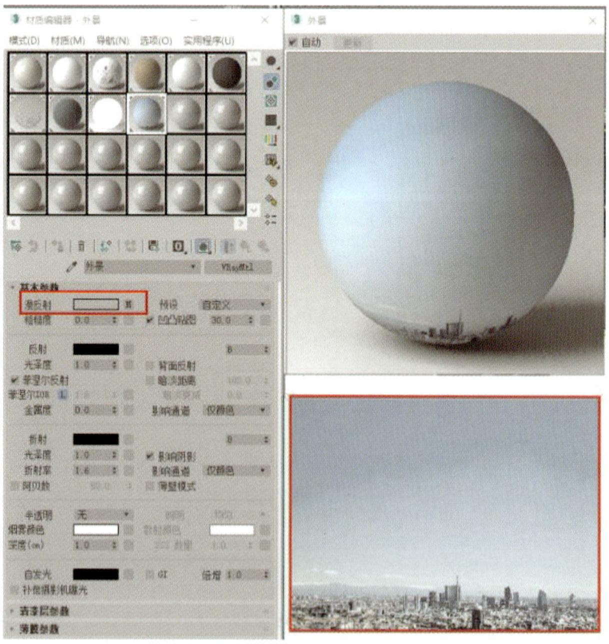

二维码 3-8

图 3-63

注意：在完成了主要材质的调节后，其他的细小部分的材质或者材质的具体细节，可以放到灯光设置和渲染设置阶段进行调整，在设置材质的时候，应给材质物体添加UVW贴图修改，可以是物体的纹理、尺寸，使场景显示得更加真实。未进行调整的会默认为建立模型时的效果颜色和基本属性，未进行粗调的材质在整个全局光照的过程中起到的作用很小，粗调材质完成文件参考"随书配套二维码\项目三\小会议室空间－材质.max"文件。进行渲染和粗调材质后的效果如图 3-64 所示。

图 3-64

任务四　简约风小型会议室空间灯光设置

知识点一、会议室空间主要灯光设置

在本例中，将主要运用灯光模拟自然光和人工光进行照明，灯光由 VRay 灯、目标平行光、光度学灯光组成。

1. 空间环境光设置

(1) 点击【渲染】下的【环境】命令，在弹出面板中将【公用参数】下的【颜色】设置为【232，234，255】浅蓝色，模拟外部环境，其余参数保持默认，如图 3-65 所示。

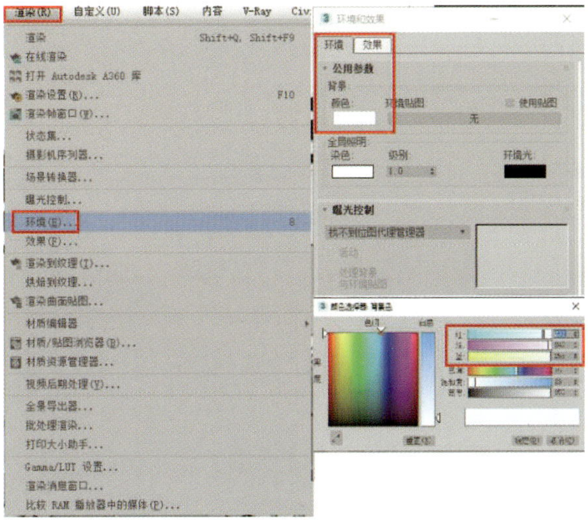

图 3-65

(2)进入创建面板，单击【灯光】按钮，在【灯光】下拉列表中选择【VRay】灯光类型，然后选择【VRay灯光】。

(3)在【前】视图会议室窗户外创建一盏【VRay灯光】，类型为【平面】，用于模拟自然光的发光效果，其位置如图3-66所示。

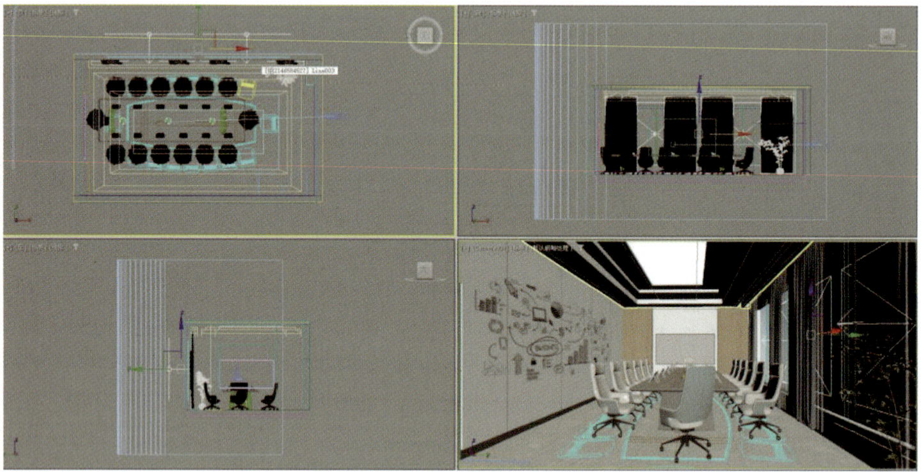

图 3-66

(4)灯光具体参数设置。在【常规】中设置灯光的【长度】和【宽度】大小，设置【倍增】为【3.0】；颜色RGB值设置为【195，216，255】，偏冷色，模拟天空的颜色；在【选项】下勾选【不可见】，如图3-67所示。

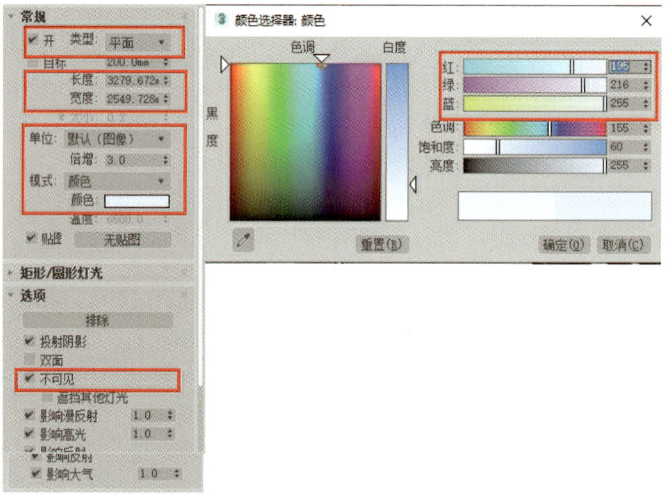

图 3-67

2. 空间灯槽光设置

(1)进入创建面板，点击【灯光】按钮，在【灯光】下拉列表中选择【VRay】灯光类型，然后选择【VRay灯光】。

(2)在【前】视图或【左】视图中会议室吊顶空间的位置创建一盏【VRay灯光】，然后在【顶】视图中利用【镜像】【移动】【旋转】【缩放】等工具调节其位置、尺寸，如图3-68所示。

(3)灯光具体参数设置。在【常规】中设置灯光的【长度】和【宽度】大小，设置【倍增】为【4.0】；颜色RGB值设置为【255，216，181】，偏暖色，模拟灯槽光源的颜色；在【选项】下勾选【不可见】，如图3-69所示。

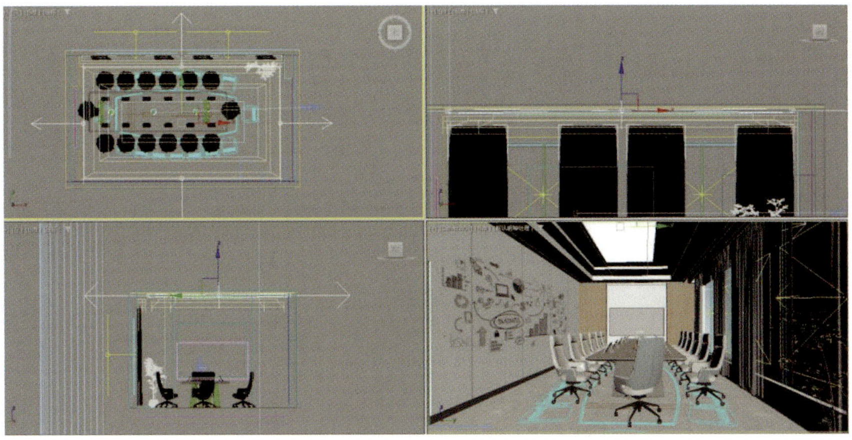

图 3-68

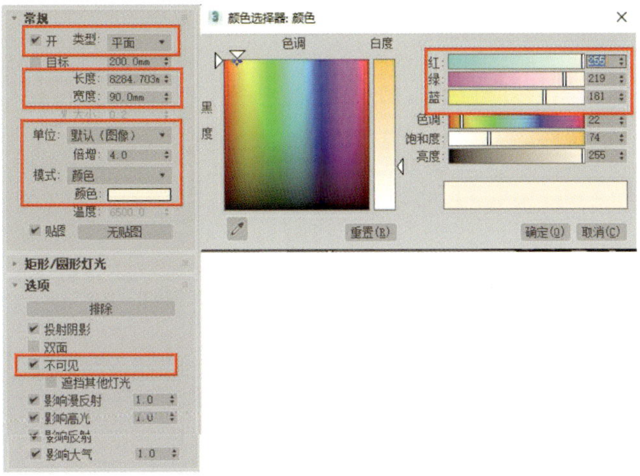

图 3-69

3. 空间吊灯光源设置

(1)进入创建面板，点击【灯光】按钮，在【灯光】下拉列表中选择【VRay】灯光类型，然后选择【VRay灯光】。

(2)在【顶】视图中吊顶灯片位置创建一盏灯，然后在【左】视图或【前】视图中利用【移动】工具调节其位置、尺寸，如图 3-70 所示。

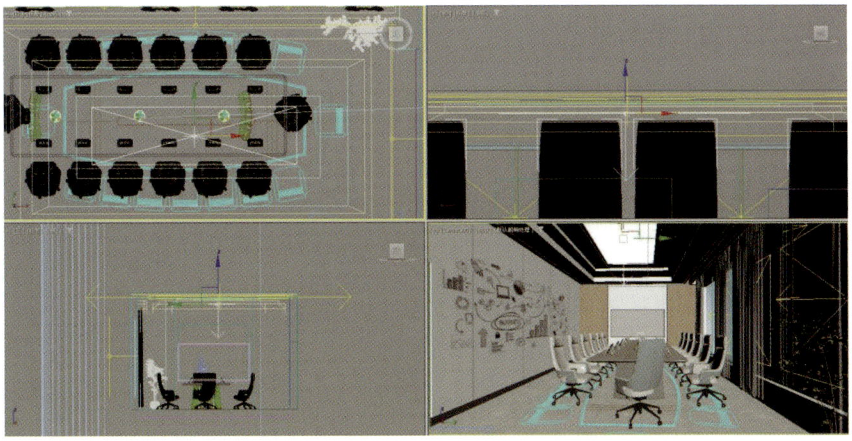

图 3-70

(3)灯光具体参数设置。在【常规】中设置灯光的【长度】和【宽度】大小，设置【倍增】为【2.0】；颜色RGB值设置为【200，226，255】，偏冷色，模拟灯片的颜色；在【选项】下勾选【不可见】，如图3-71所示。

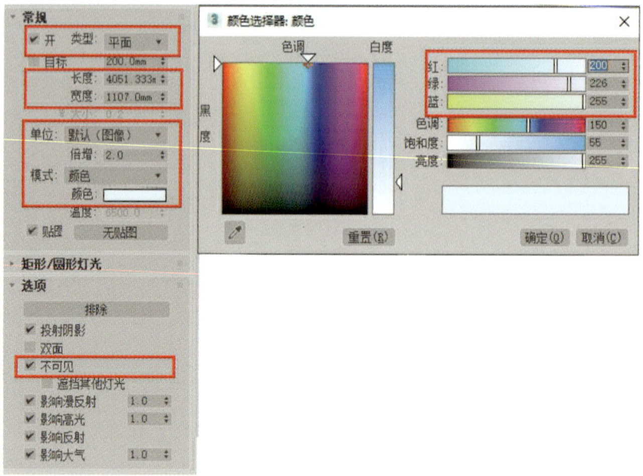

二维码 3-9

图 3-71

知识点二、会议室空间气氛灯光设置

太阳光效果设置步骤如下。

(1)太阳光效果需要用标准灯光来模拟。进入创建面板，点击【灯光】按钮，在【灯光】下拉列表中选择【标准】灯光类型，在【顶】视图靠窗户处创建一盏【目标平行光】，创建灯光时由窗户外向室内拖拉，模拟太阳光照射到室内的效果，根据设计所要模拟的不同时间段的太阳，调整在室内的照射角度，然后在【顶】视图与【左】视图中调节其位置，如图3-72所示。

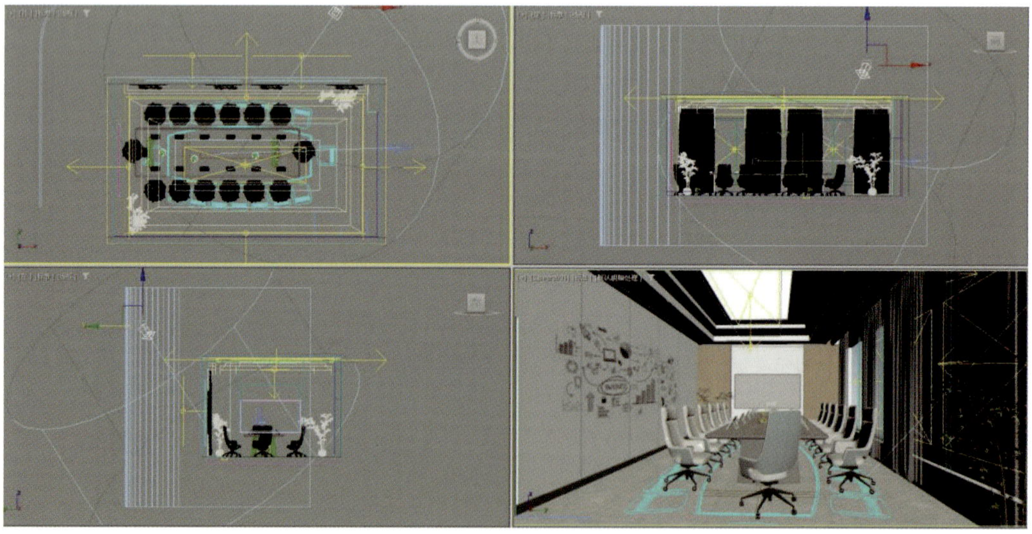

图 3-72

(2)灯光具体参数设置。在【常规参数】下【阴影】中勾选【启用】，类型选择【VRayShadow】；在【强度/颜色/衰减】下设置【倍增】为【1.0】，【过滤颜色】RGB值设置为【255，231，205】，偏暖色，设置【平行光参数】下【聚光区/光束】与【衰减区/区域】的数值，数值一般以平行光的光束和区域将建筑窗户包裹在里面为合适。如图3-73所示。

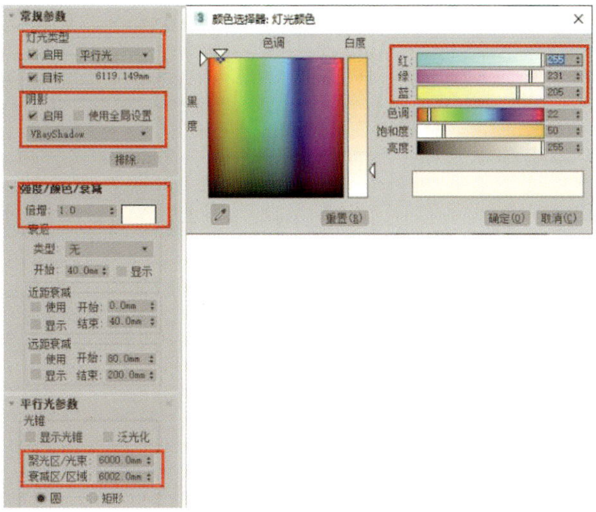

二维码 3-10

图 3-73

注意：场景调整到此就可以渲染最终图了，场景中灯光的细节，可以结合材质和渲染器进行更详尽的调整，因为从美术学的角度来看，一张图的美是没有最终标准的。渲染者在布灯的过程中始终要把握住场景大的关系，对主要灯光进行调整，然后一步步细化，添加一些辅助光源。在此过程中，应做到收放自如，既能仅用几盏灯就出效果，又能调控多盏灯而不乱方寸并且突出主题。灯光效果图可以参考“随书配套二维码\项目三\小型会议室空间－灯光.max”文件。

任务五 简约风小型会议室空间渲染设置

(1) 渲染最终大图，设置输出尺寸。选择【常规】选项卡，在【输出大小】中设置成品图需要的尺寸。此处设置为【宽度】为【3098】，【高度】为【1500】，如图 3-74 所示。

(2) 在【渲染输出】中勾选【保存文件】，点击【文件】，弹出保存对话框，保存格式选择 .tga，如图 3-75 所示。

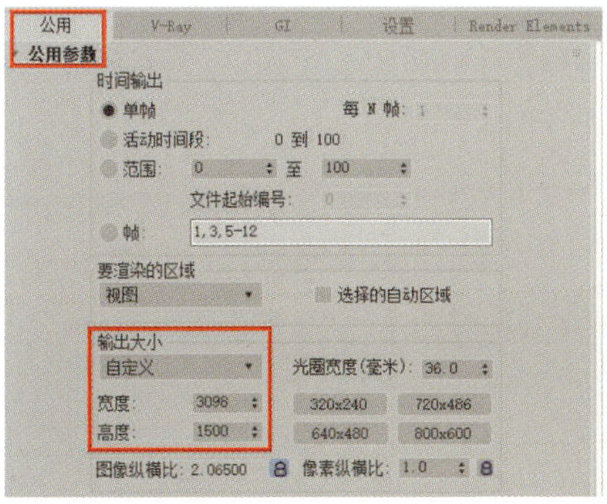

图 3-74

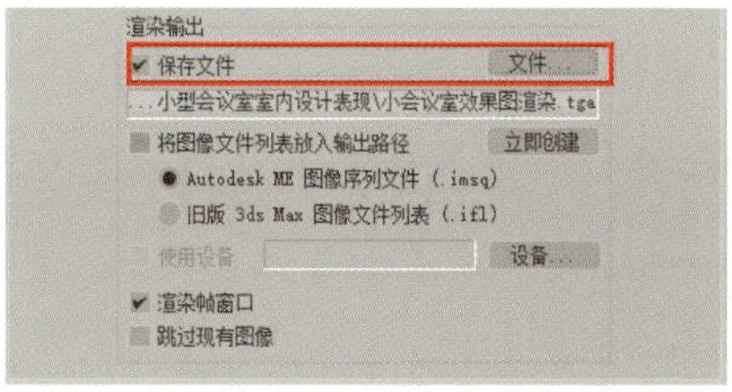

图 3-75

(3) 选择【VRay】选项卡，在【图像采样器(抗锯齿)】卷展栏中，将图像采样器类型设置为默认选项【渲染块】，勾选【图像过滤器】，过滤器选择【Catmull-Rom】，如图 3-76 所示。

(4)选择【VRay】选项卡，在【颜色映射】卷展栏中，将【类型】设置为【线性倍增】，【暗部倍增】数值设置为【1.0】，【亮部倍增】数值设置为【1.0】，如图 3-77 所示。

(5)选择【GI】选项卡，在【发光贴图】卷展栏中，【当前预设】方式设置为【高】，将【细分】值设为【80】，【插值采样】值设为【60】。进入【灯光缓存】卷展栏中，将【细分】值设为【2000】。如图 3-78 所示。

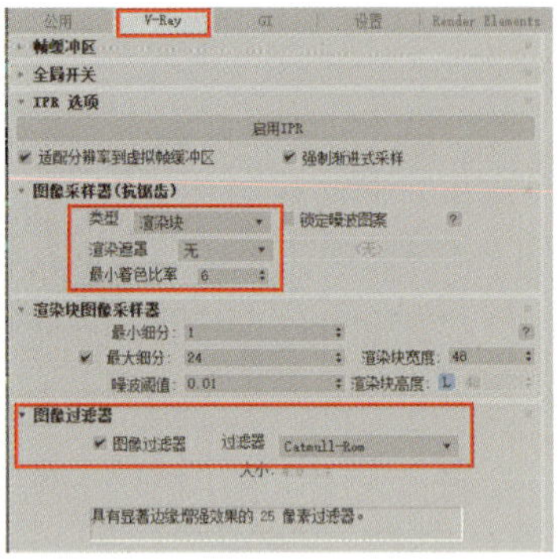

图 3-76

图 3-77

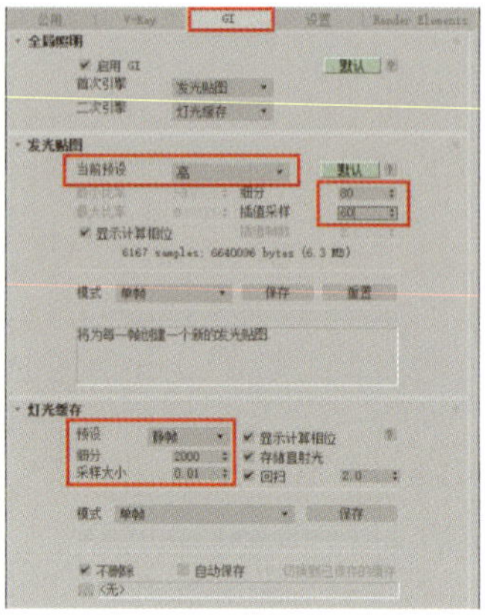

图 3-78

(6)最终渲染结果如图 3-79 所示，最终完成效果可以参考“随书配套二维码 \ 项目三 \ 小型会议室效果图渲染 .tga”文件。

图 3-79

任务六　简约风小型会议室空间后期效果调整

知识点一、Photoshop 后期调整

1. 打开、复制图像

(1)启动 Photoshop 软件，按【CTRL+O】组合键，在弹出的【打开】对话框中选择“小型会议室效果图渲

染 .tga” 文件并将其打开。

(2)选择背景图层,并复制背景图层,产生新图层作为备用。

2. 细节调整

(1)切换到小型会议室效果图图层,对画面的亮度进行调整。选择菜单栏中的【图像】—【调整】—【曲线】命令或按【CTRL+M】组合键,在弹出的【曲线】对话框中进行设置,如图 3-80 所示。

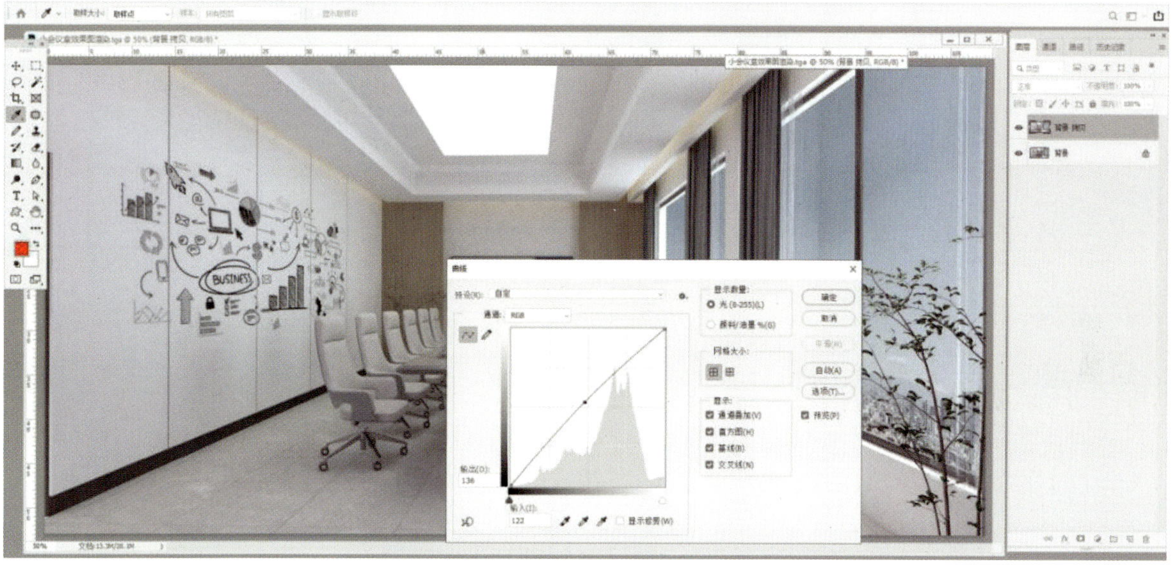

图 3-80

(2)对画面的色彩进行校正,更改图像的总体颜色混合程度。选择菜单栏中的【图像】—【调整】—【色彩平衡】命令或按【CTRL+B】组合键,在弹出的【色彩平衡】对话框中进行设置,如图 3-81 所示。

图 3-81

(3)对画面的黑白关系进行校正,选择菜单栏中的【图像】—【调整】—【色阶】命令或按【CTRL+L】组合键,在弹出的【色阶】对话框中进行设置,如图 3-82 所示。

图 3-82

知识点二、整体调整出图

(1)对画面的对比度进行校正，更改图像的总体黑白对比关系。选择菜单栏中的【图像】—【调整】—【亮度 / 对比度】命令，在弹出的【亮度 / 对比度】对话框中进行设置，如图 3-83 所示。

图 3-83

(2)画面的整体色调已得到很好的改善，但是画面的清晰度还是不够。选择【菜单】—【滤镜】—【锐化】命令，将该画面进行锐化设置，如图 3-84 所示。

(3)点击【剪裁】工具，对画面进行最后的裁剪，让画面更加完整。

(4)点击【文件】下的【存储为】或按【SHIFT+CTRL+S】组合键，在弹出的【存储为】对话框中将该图像文件命名为“小型会议室空间效果图 - 完成 .jpg”，最终文件保存在项目三文件夹中。效果图如图 3-85 所示。

二维码 3-11

图 3-84

图 3-85

项目总结

本项目旨在通过讲解一个简约风小型会议室空间的设计过程，引导学生在习近平新时代中国特色社会主义思想指引下，践行社会主义核心价值观。本项目通过 3ds Max 软件的建模，结合 VRay 渲染器灯光和材质设置，讲解了效果图设计的流程，以及在渲染出图时的一些技巧和方法。本项目通过不同 VRay 材质的设置，让材质呈现出全新的样貌，同时充分考虑了不同灯光层次、颜色之间的融合，运用了标准灯光和 VRay 灯光相结合的布光方法，利用人造光和自然光营造了清新明朗的会议室空间效果。材质和灯光之间的组合，让简约风格、表现技法和设计理念都得到了充分体现。在学习过程中，学生培养了团队合作精神，加强了工程质量意识、环保意识、安全意识。

项目拓展

1. 后续更加深入学习 VRay 材质与灯光的结合，对室内不同照明方式进行研究，把好的设计理念融入效果图表现中。

2. 学会不同空间素材的收集，有利于拓展学生的审美和鉴赏能力，为后续的设计提供有效保障。

3. 尝试独立完成案例“红星财智国际马拉齐展厅董事长办公室”方案设计，如图 3–86 所示。

图 3–86

项目四 新中式餐厅包间空间室内设计表现

项目导入

文化科技股份有限公司成立于2003年，专注于中国风文化艺术，是一家以中国风艺术体验为特色的综合型文化产业机构。本项目案例是为该公司设计餐饮空间中的某一包间。设计师与客户沟通后，掌握了客户的要求。客户喜欢中式，喜欢有灯带的极简风吊顶，喜欢木饰面和中国传统文化，有自己的企业文化和相关设计元素。最后经双方商榷后，确定以新中式风格进行设计。

学习目标

1. 知识目标

(1) 了解中式餐饮空间的准确风格、建筑工程基础、节能技术、管理与运用的知识。

(2) 掌握特定气氛下中式餐饮空间表现所需技法、材质、灯光的设置原则。

(3) 掌握必备的思想政治理论、科学文化基础知识和中华优秀传统文化知识。

2. 能力目标

(1) 具有较强的新中式美学修养以及室内装饰造型能力。

(2) 了解餐饮空间装饰工程各分项工程施工能力。

(3) 掌握餐饮类空间计算机辅助设计的综合技能，具备绘制技能和较好的绘图能力。

3. 素质目标

(1) 增强文化自信，践行社会主义核心价值观，具有深厚的爱国情感和中华民族自豪感。

(2) 夯实设计基础知识，不断培养自己的实践能力，做到举一反三、学以致用。

(3) 培养在设计过程中真正做到“以人为本”的精神。

项目任务分解

设计师拿到项目案例后，对方案的风格特点、材质设置、灯光调整、渲染器参数设置等工作进行细致分析，对该设计项目的背景及设计理念进行步骤分解，明确了具体的设计风格、设计需求、设计定位、设计理念等要素，使得制作效果图的思路更加清晰明了。设计步骤包括结构建模、材质设置、灯光设置、渲染设置、后期效果调整等内容。

任务一　新中式餐厅包间空间室内设计表现任务书

知识点一、设计课题分析

1. 设计课题：新中式餐厅包间空间室内设计表现

通过学习新中式餐厅包间空间的室内设计，学生能够掌握餐饮空间室内设计的基本方法，优化以往所学的专业技术结构，开阔思路，强化技术与艺术的综合设计能力。

2. 设计理念

创造吸引顾客、促进消费、格调独特良好的室内就餐环境。

3. 设计条件

(1)提供详细平面图设计方案。

(2)提供详细立面图设计方案。

(3)提供详细顶面图设计方案。

4. 设计内容

(1)空间模型设计。

(2)材质表达。

(3)灯光表达。

(4)渲染输出。

(5)后期处理。

5. 课时建议

第1～4学时:完成结构建模。第5～8学时:完成材质设置。第9～12学时:完成灯光设置。第13～14学时:完成渲染设置。第15～16学时:后期效果调整。

知识点二、设计的依据与要求

1. 餐饮空间室内设计的依据

当今，物质生活空前丰富，现代生活极大地提高了人们对饮食文化的需求，现代的人们有着空前博大的包容性，愿意尝试各种生活习俗、各种审美主题、各种空间形式的就餐方式，这便给设计师提出了更新、更高的设计要求。餐饮空间主要由餐饮区、厨房区、卫生设备、衣帽间、门厅或休息前厅构成，这些功能区与设施构成了完整的餐饮功能空间。餐饮空间的设计丰富多彩，因而可作为参考的依据也较多，限于篇幅在这里只简单列举部分常规的依据。

(1)餐厅的面积一般以1.85 m^2/座计算。过小会造成拥挤;过大易浪费工作人员的劳作活动时间和精力。

(2)顾客就餐活动路线和供应路线应避免交叉，送饭菜和收碗碟出入也应分开。

(3)中、西式餐饮空间或不同地区的餐饮空间应该有相应的设计风格。

(4)餐饮空间中应该有足够的绿化布置空间，利用绿化分隔空间。空间大小应该多样化，有利于保持不同餐区、餐位之间的相对私密性。

(5)室内色彩应明净、典雅，使人处于从容不迫、舒适宁静的状态和愉快的心境，以增进食欲，并为餐饮创造良好的环境。

(6)选择美观、耐污、耐磨、防滑、防火、便于加工、施工快捷和易于清洁的材料作为室内装饰材料。

(7)室内空间应有宜人的尺度、良好的通风与采光，并考虑吸声的要求。

(8)餐桌的就餐人数应该多样化，如2人桌、4人桌、6人桌、8人桌、包间等。餐桌和通道的布置数据：服务通道宽为990 mm；桌子最小宽为700 mm，4人用方桌最小尺寸为900 mm×900 mm，4人用长方桌最小尺寸为1200 mm×750 mm，6人用长方桌最小尺寸为1800 mm×750 mm，8人用长方桌最小尺寸为2300 mm×750 mm；宴会用的餐椅高440～450 mm，餐桌高720 mm，桌面尺寸为600 mm×1140 mm或600 mm x 1220 mm，1人用圆桌的最小直径为750 mm，2人用圆桌的最小直径为850 mm，4人用圆桌的最小直径为1050 mm，6人用圆桌的最小直径为1200 mm，8人用圆桌的最小直径为1500 mm。

餐桌的布置应考虑布桌的形式美和中、西方的不同习惯，中餐厅常按桌位数量采取品字形、梅花形、方形、菱形、六角形等形式；西餐厅常采用长方形、T形、U形、E形、口字形等形式。自助餐的食品台常采用V形、S形、C形和椭圆形等形式。如图4-1～图4-3所示。

图4-1　散座

图4-2　过道

图4-3　包间1

2. 餐饮空间室内设计的要求

(1)餐饮空间的室内空间组织在合理的基础上可以适当地根据各种客观条件力求创新，餐饮空间已经不是简单常规意义上的吃饱喝足的地方了，餐饮文化需要有文化的餐饮空间来匹配。当满足了基本的功能要求后，餐饮空间同时也可以是社交舞台、休闲场所和聚会场所等。餐饮空间的设计没有定法，从空间组合、技术、材料、色彩、声效、光影等各种角度都可以进行设计创新。

(2)餐饮空间的照明在保证基本的视觉照明的前提下，还可以用来强调空间的艺术性、舒适性和导向性。

(3)餐饮空间从餐饮类型、风格式样、风俗习惯、营业面积等多角度而言，都具有丰富多样的特点，其空间构成和界面处理因此具有丰富多彩的要求，光、色和材质的配置因具体空间有具体的变化，在灵活性、艺术性、风格化、个性化、时尚性、标示性等方面的要求较高。在餐饮空间中，应尽量选择适用、美观、经济、加工方便省时、最终效果有一定特性的装修材料和设备设施，相应地必须采用合理的装修构造和技术措施来进行配合。

(4)餐饮空间中，设计师应该充分认识到不同就餐习惯与人体尺度的联系。特殊人群的就餐方式也必须加以考虑，如老年人、婴幼儿、行动不便的残疾人等在就餐时会有不同于一般消费者的要求。设计师应该目标明确地基于人体工学从交通路线、家具配置、装饰用材、光色导向等方面关注特殊与一般的差别。

(5)餐饮空间属于公共空间，其设计必须严格遵守安全疏散、防火、卫生、防污染等设计规范，遵守与设计任务相适应的有关标准定额。餐饮空间设计的社会、道德因素也越来越受到人们的重视，如设计时应该从烹饪、装饰用材、装饰语言、VI 系统等各个角度，充分尊重不同民族的独特的餐饮习惯和要求；油烟排放、污水排放等应该注意在达标的基础上避免扰民等。

(6)餐饮空间的设计应考虑室内环境的节能、节材、节省室内空间。随着社会的快速发展，人们的生活节奏也日趋紧张，餐饮空间为迎合消费者的多变口味与就餐方式，其更新周期越来越短暂，以最低成本赚取最大盈利是餐饮空间经营者的奋斗目标，在室内设计中体现节约精神符合这一目标要求。事实上，在品牌林立的餐饮行业，要使餐饮空间给消费者留下美好的印象，绝不是盲目堆砌各种名贵饰材，而应该收放有度、主次分明、繁简得当，符合环保要求的、造价较低的装饰材料的恰当应用通常足以营造出具有个性特色、良好整体氛围的餐饮空间。如图 4-4～图 4-7 所示。

二维码 4-1

图 4-4 前台

图 4-5 包间 2

图 4-6 休闲区

图 4-7 卡座

知识点三、设计的元素分析

1. 餐饮空间室内设计的色彩

餐饮空间环境不能为了使用材料而使用材料，应该将其提高到为表现环境主体这一层次，在空间组合构图中将冰冷的材料转化为与人们交流的一部分。材料在空间组合中主要通过质感和颜色的表现来塑造餐饮空间环境主题。

在质感方面，通过使用木、石、玻璃、金属等质感的材料贯穿、强调整个空间，形成餐饮空间的环境主题。在色彩方面，餐饮空间环境在满足色彩搭配一般原则的基础上，考虑颜色给人产生的心理感受及颜色的对比感觉现象。人们对不同的色彩表现出不同的好恶，这种心理反应，常常是人们的生活经验、利害关系以及由色彩引起的联想造成的，此外，它也与人的年龄、性格、素养、民族和习惯分不开。暖色调的色彩（如红色系列、黄色系列等）给人以有生气、活跃、温暖、兴奋、希望、发展等感觉，较多应用于餐饮空间的设计中。通过色彩可以强调或削弱不同空间的大小和形式。例如，在同样一个较小的餐厅雅间空间中，可以使用明亮光鲜的米黄色乳胶漆涂饰各墙面，以从视觉上增大该空间；也可以使用端庄深沉的深褐色暗花壁纸贴饰各墙面，以从视觉上强调该空间的私密性和雅静感。

在室内设计中，以一个色相作为整个室内色彩的主调，称为单色调。较小的餐饮空间多采用单色调的颜色搭配，可以取得宁静、安详的效果。采用单色调色彩方案的空间的界面具有良好的背景感，可为家具、陈设提供较好的烘托。在采用单色调色彩方案的空间中，应该注意通过明度、彩度的变化来加强对比，也可以适当地借助不同质地、图案、形状来丰富空间，合理添加黑色和白色是必要的调剂手段。

相似色调是最容易把握、运用的一种色彩方案。该方案只采用两、三种在色环上互相接近的颜色，例如黄色、橙色、橙红色等，容易达到和谐、宁静、清新的效果。颜色由于在明度和饱和度上的变化而显得丰富，如果结合无彩体系，则更能加强其明度和饱和度的表现力。丰富的空间造型结合温和协调的色彩便于营造温馨的就餐氛围。

互补色调又称为对比色调，是运用色环上相对位置的色彩，如红与绿、黄与紫、青与橙等，其中一个为原色，另一个为二次色。对比色使室内空间生动鲜亮，可以尽快地引发受众的注意与兴趣。在采用对比色调色彩方案的空间中，应该注意使其中一色占支配地位，分清主次，便于控制，具体可采用减低次要色彩的明度、饱和度、面积等手法使其作为陪衬。快餐厅、酒吧之类的餐饮空间多采用对比色调，能够在短时间内给人们留下深刻的印象。除此之外，餐饮空间中还常采用三色对比色调、无彩色调等色调分类的设计手法。

色彩运用的示例如图 4-8～图 4-11 所示。

图 4-8　深色系

图 4-9　彩色系

图 4-10　白色系

图 4-11　灰色系

2. 餐饮空间室内设计的界面处理

空间概念作为一种反映空间独有属性的思维形式，是人们在长期的生活实践中，从对空间属性的认识中提炼出其特有属性而形成的。

人类除了认识空间，还要创造空间。因为人类自古以来，不只是为了感知空间、存在于空间、思考空间、在空间中发生行为，还要为空间打上人类意识的烙印，创造空间。空间的几种概念：实用空间、知觉空间、存在空间、认识空间、理论空间和创造空间。创造空间又称为表现空间或艺术空间，它同认识空间一同占据仅次于顶点的位置。

餐饮空间不仅取决于地段位置、品种口味和服务质量以及经营管理方式等因素，在很大程度上还取决于其所营造的空间环境。顾客在品尝美味的同时也感受着环境的氛围，将饮食文化和环境氛围融为一体，形成独特的餐饮文化。

餐饮空间的顶棚设计包括吊顶与灯具布置两部分。餐饮空间的顶棚与其他空间的顶棚相比较，灵活性、艺术性、功能性更为丰富。根据不同功能、风格餐厅的要求，可设计各种形式的吊顶，如穹顶、藻井、拱券、多层级立体顶棚等，顶棚的风格化对于空间风格的形成有非常重要的作用。木龙骨、轻钢龙骨、型钢、纸面石膏板、大芯板、高密度板是常见的顶棚隐藏工程用材。乳胶漆、油漆、壁纸、装饰木夹板、塑铝板、微孔铝板、

PVC 板材、玻璃镜面、织物等都是常见的顶棚饰面材料。顶棚的灯具一般选用吊灯、吸顶灯、射灯和筒灯等。为了营造气氛，餐饮空间里还经常配有暗藏的辅助光源、露明的装饰光源。灯具的选配要基于空间设计的整体意识，灯具的材质、造型、大小等都要考虑与所处环境的协调性。餐饮空间的顶棚应该质轻、防火，并有一定的光反射和吸声的作用。餐饮空间的顶棚高度一般不低于 2750 mm。

餐饮空间的立向界面是限定、美化空间的基本部件。乳胶漆、壁纸、织物、装饰夹板、防火板、木材、石材、皮革、金属板材、塑铝板等在各立向界面广泛应用，是便于加工、易于清洁、视觉冲击力强、经济实惠材料的首选。餐饮空间的立向界面通常较为丰富精彩，选材、用材有时不限于常规。除上述各种装饰材料外，各种建筑材料、五金材料、工业材料、农作物材料等均可根据需要在适当加工后予以使用，往往会有精彩绝伦的表现。

餐饮空间的地面多采用硬质耐磨、方便清理的材料，比如花岗石、大理石、陶瓷锦砖、预制水磨石等。在中式风格的中小型餐厅中，地面就常采用深灰色麻面地砖或页岩。根据不同风格餐饮空间的具体要求，地面也常采用实木地板、复合木地板、表面涂漆处理的水泥地面、地毯、水泥纤维板、钢化玻璃、玻璃砖、彩色树脂涂刷的地面等。西餐厅、咖啡厅经常采用防污地毯，其既有美观的花色又有良好的吸音降噪功能，利于营造安闲静谧的空间氛围。

界面处理示例如图 4-12～图 4-15 所示。

图 4-12　隔断处理

图 4-13　顶棚处理

图 4-14　墙面处理

图 4-15　地面处理

3. 餐饮空间室内设计的餐桌

餐饮空间的餐桌应该耐用、舒适。不同风格的餐饮空间采用的餐桌风格应不相同，较大型的餐饮空间的餐桌既应保证风格，又应合乎空间风格的整体要求。餐桌的选配要确保安全、便于移动，对地面不磨损，要利于拼接和弹性组合。餐饮空间的餐桌大小依用餐人数而定。圆形餐桌可使就餐气氛柔和；长方形餐桌虽占据空间较大，但使用方便；方形餐桌用起来更加方便、灵活。

餐饮空间的餐桌排列要求较高，而桌子本身无太高的要求，桌布一摊就可以遮盖住餐桌的大部分，关键是椅子的造型要新颖，与环境协调一致。椅子应尽可能和餐桌匹配，在造型、结构、材料、色彩、纹理等方面尽可能与桌子有相同的设计语言。餐桌和椅子的高度，在中、西餐桌设计中都有相应的标准，西餐厅一般呈长方形，其高度为 630～680 mm，因为西餐使用刀叉，桌子稍低可以使刀叉操作起来方便；中餐桌的高度比西餐桌略高一些，一般为 680～750 mm。椅子的高度为 430 mm 左右，中、西餐桌用椅基本相同。

餐桌设计示例如图 4-16～图 4-19 所示。

图 4-16　整套餐桌

图 4-17　餐桌辅助

图 4-18　餐桌椅

图 4-19　餐桌

4. 餐饮空间室内设计的陈设

餐饮空间中的实用性陈设主要是各种餐具、酒水具、灯具等，餐具的选择体现了室内环境的风格、品位和档次，而餐饮空间中气氛的营造还需要一些其他的装饰性陈设来实现，合理布局壁饰、挂画、花卉植物等都是常见的装点餐饮空间的有效方法。整体上，餐饮空间只要能使人感觉干净、整洁、宁静，有助于营造愉快轻松的氛围，提高人们的进餐情绪就可以了。餐饮空间中陈设的布置应遵循以下原则。

(1) 格调统一，与整体环境协调。陈设的格调应该遵从房间的主题，与室内整体环境统一，也应该与周边的陈设、家具等相协调。

(2) 构图均衡，与空间关系合理。陈设在室内空间中的布置也应该遵循一定的构图法则，做到既布置有序，又富有变化。

(3) 有主有次，使空间层次丰富。陈设的布置要主次分明、重点突出，切忌杂乱无章的堆砌。精彩的陈设应该重点陈列，适当地配合灯光、陈列台等，使其成为空间中的视觉中心。而相对次要的陈设，则应该有助于突出主体。

(4) 注意观赏效果。陈设更多的时候是供人们欣赏，特别是装饰性陈设，因此，布置陈设时应注意把握观赏的视觉效果。例如，墙上的挂画要注意它的悬挂高度与人们眼睛的高度关系，挂画的大小、位置与人们的观赏角度、距离的关系，以方便人们观赏。

宴会厅的陈设注重营造气势、富丽、华贵、明亮、热烈的氛围，多在顶棚及其他界面和灯饰上投入大量心思。西餐厅陈设常以西方传统建筑模式结合绘画、雕塑等作为室内主要陈设。

在以体现民族风情为设计定位的餐饮空间中，其陈设应具有地方特色，自然地展现民族风俗，常采用建筑装饰、民族服饰、器物装饰、装饰绘画、书法碑帖、图案、剪纸、皮影、风筝、民间玩具等作为主要的陈设。

陈设布置示例如图 4-20～图 4-23 所示。

图 4-20　卡座陈设

图 4-21　卫生间陈设

图 4-22　散座陈设

图 4-23　过道陈设

5. 餐饮空间室内设计的照明

餐厅内的背景照明为 100 lx 左右，桌上照明为 300～750 lx。餐厅的一般照明，应足以使顾客看清菜单。照明系统中的灵活性是希望提供不同照度的照明，并在色彩和性质上与餐厅的装饰体系一致。下射照明和暗灯槽照明是比较常用的照明方式，小台灯或蜡烛常作为补充照明，以增加空间中迷离的情调。一般情况下，低照度时宜用低色温光源。随着照度变高，就有白色光的倾向。照度水平高的照明设备，若用低色温光源，就会使人感到闷热。在照度低的环境中，若用高色温的光源，就会产生清白的阴沉气氛。但是为了使饭菜和饮料的颜色好看，应选用色指数较高的光源。在餐厅内为创造舒适的环境氛围，使用白炽灯的效果优于荧光灯，但在陈列部分应该采用显色性比较好的荧光灯，它可以在咖啡馆和快餐厅内作背景照明。在餐厅内可采用各种灯具。间接光常用在餐厅的四周以强调墙壁的纹理和其他特征，背景光可藏在天花内或直接装在天花上。桌子上部、壁龛、座位四周的局部照明有助于创造出亲切的气氛。在餐厅设置调光器是有必要的。

多功能宴会厅是宴会和其他功能使用的大型可变化空间，所以在照明上应采用二方或四方连续的具有装饰性的照明方式，装饰风格要与室内整体风格协调。照度要达到 750 lx，为适应各种功能要求可安装调光器。

风味餐厅是为顾客提供具有地方特色菜肴的餐厅，相应的室内环境也应具有地方特色。在照明设计上可采用以下几种方法：采用具有民族特色的灯具；利用当地材料进行灯具设计；利用当地特殊的照明方法；照明与室内装饰结合起来以突出室内的特色。

特色餐厅、情调餐厅的室内环境不受菜肴特点所限，环境设计应该考虑给人什么样的感觉和气氛，为达到这种目的，照明可采用各种形式。

快餐厅的照明可以多种多样，建筑化的各种照明灯具、装饰照明及广告照明等都可运用。设计师主要考虑环境与顾客的心理相协调，一般快餐厅的照明应采用简练而现代化的形式。

酒吧间照明强度要适中，酒吧后面的工作区和陈列部分要求有较高的局部照明，以吸引人们的注意力并便于操作，照度可为 320 lx 左右。酒吧台下面可设光槽对周围地面进行照明，给人以安定感。室内环境要暗，这样可以利用照明形成趣味以创造不同个性，照明多用在餐桌上或装饰上，较高照度的照明只有在清洁工作时才需要。

二维码 4-2

照明设计示例如图 4-24～图 4-27 所示。

图 4-24　自然照明

图 4-25　局部照明 1

图 4-26　局部照明 2

图 4-27　整体照明

知识点四、设计表现任务分析

拿到任务之后，首先应了解这类空间的空间特点、设计原理、设计内容，对于餐厅的经营者而言，追求的目标是顾客盈门，利润滚滚。要做到这一点，除食品风味独特外，服务周到和餐厅氛围的营造也很重要。好的餐厅设计不仅能为客人提供愉快的就餐氛围，同时也能为员工创造舒适的工作环境。

1. 功能目标

(1) 周围环境的调查分析，包括人流量、交通状况、停车情况等。

(2) 竞争餐厅的状况。

(3) 根据餐厅经营方针，明确经营范围、服务标准，确定是快餐店、中餐厅、西餐厅，还是咖啡厅等。

(4) 客源情况：客源的人数、职业、饮食习惯等。尽可能采集充足的顾客数据作为设计依据。

2. 入口规划

餐厅的入口传递了餐厅的存在、营业内容和规模档次等信息，好的设计能激起客人进入餐厅就餐的欲望，餐厅入口的形式主要包括以下几种。

(1) 开放式。这种方式在百货商店、购物中心、宾馆内的租赁店面中比较常见。

(2) 封闭式。这种形式在俱乐部、酒吧、高档餐馆中比较常见。建筑室外立面完全是实墙，从外面几乎看不到内部空间，只能透过大门隐约感受到一点点室内的氛围。这种处理手法对门头的设计要求比较高。

(3) 折中式。这种方式是最常见、最普遍的入口方式。根据营业类别的不同，可运用各种不同的设计方式。例如，为了引导客人进入餐馆，可以将入口处理成开放式，其余部分通过安装玻璃、样品柜达到封闭构成的效果。

在实际设计中，具体采用的方式，要根据餐馆经营特点来决定。一般像咖啡店等轻便饮食店，要求有较高的开放和透视程度，可采用开放式入口；私密性要求高的餐馆，要求控制外部视线，降低通透程度，可采用封闭式入口。

任务二　新中式餐厅包间空间结构建模

知识点一、餐厅包间空间主体结构创建准备

1. 创建要求与重点

(1) 以相对简洁明快的方法，创建单面片室内空间架构与物体。

(2) 根据相应的空间特点给指定的三维物体赋以真实合理的材质。

(3) VRay 灯光的创建与调整。

(4) 摄像机的创建与调整。

(5) 渲染输出路径与参数的设置。

(6) 渲染图在 Adobe Photoshop 软件中的后期处理技术，尤其注意针对较大面积的室内空间所进行的光色调校方法。

2. 空间创建前期准备

(1) 打开 AutoCAD 软件，对将要绘制的空间的平面图进行适当的调整，删除大体尺寸以外的物体、植物、说明、标注等，使图面尽量简化，为将来导入 3ds Max 软件中做好准备。

(2)打开 3ds Max 软件，在菜单【自定义】下的【单位设置】中，将【显示单位设置】和【系统单位设置】的数值设置为【毫米】和【1 单位 =1.0 毫米】。

(3)选择【菜单】栏中【文件】下的【导入】，执行【导入】命令，在弹出的【选择要输入的文件】对话框中选择“随书配套二维码\项目四\案例”下的相关 DWG 文件，分别是平面、立面、顶面，如图 4-28 所示。

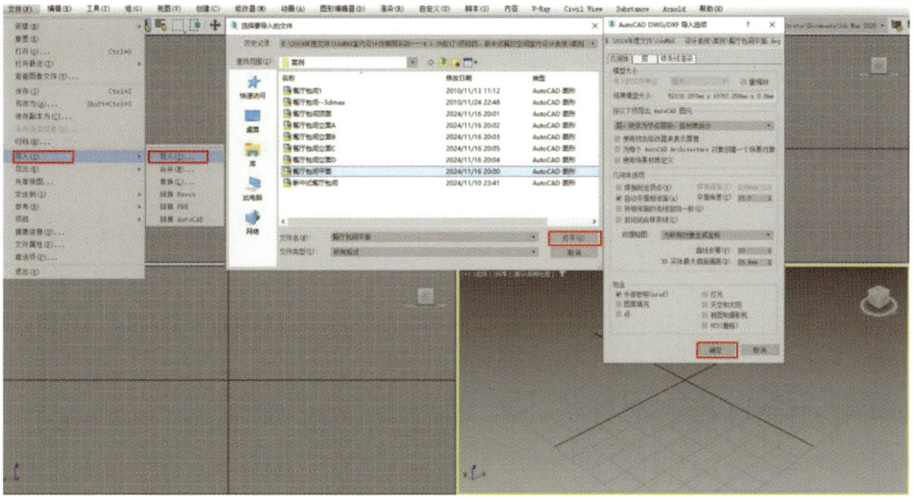

图 4-28

(4)把餐厅包间墙体立面 A 用同样的方法输入，然后点击【旋转】按钮，点击右键可进行输入数值的旋转，在【前】视图中沿 X 轴旋转 90°，在【顶】视图中沿 Z 轴旋转 90°。

(5) 右键点击【捕捉】按钮，在弹出的【栅格和捕捉设置】对话框中启用【顶点】和【端点】选项。

(6)激活【透视】视图，按【ALT+W】键或者点击屏幕右下方的【最大化视口切换】键，将【透视】视图最大化显示。单击【选择并移动】按钮，捕捉立面 A 图形的顶点，然后按住鼠标左键移动立面 A，使其与餐厅包间平面图的边界相交，如图 4-29 所示。

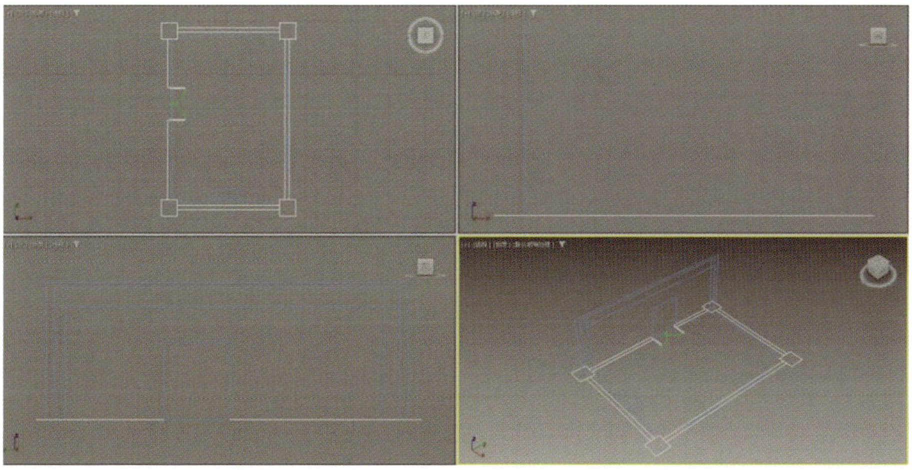

图 4-29

(7) 用同样的方法把餐厅包间墙体立面 B、立面 C、立面 D，分别与平面图的边界相交，如图 4-30 所示。

二维码 4-3

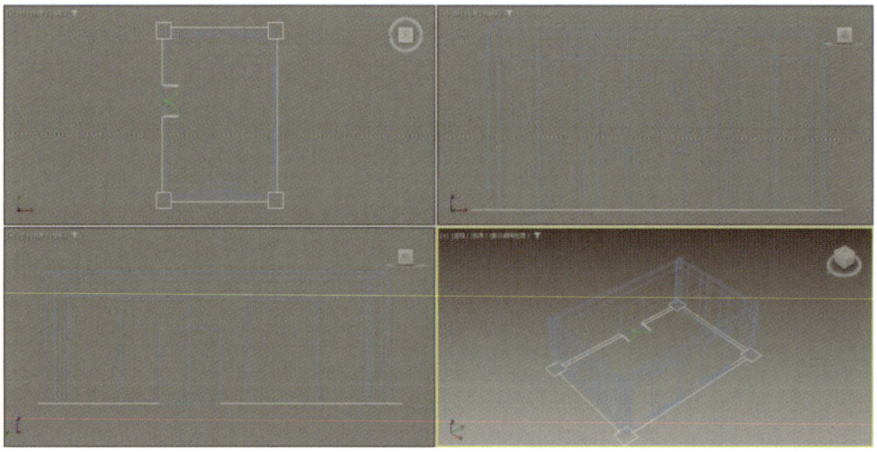

图 4-30

知识点二、餐厅包间空间主体结构创建

1. 餐厅包间空间墙面、地面建模

(1) 选中餐厅包间立面 A、立面 B、立面 C 和立面 D，在视图中点击右键，选择【隐藏选定对象】，选中餐厅包间平面，在视图中点击右键，选择【冻结当前选择】。

(2) 右键点击工具栏中的【捕捉】按钮，在弹出的对话框中勾选【捕捉】选项下的【顶点】和【选项】下的【捕捉到冻结物体】，关闭对话框。应用捕捉顶点的方式来重描餐厅包间的平面线，既快速又准确。

(3) 点击【创建】下【图形】工具下的线，绘制时取消勾选【开始新图形】，使绘制的线条成为一整体。线条的起点与终点相遇时会有对话框弹出，一定要点击是(Y)按钮，使线条成为闭合的曲线。

(4) 点击修改面板下的【挤出】按钮，对绘制曲线设置挤压值【3500】。

(5) 点击【创建】下【图形】工具下的矩形，绘制大门上方图形，点击修改面板下的【挤出】按钮，挤出一个【－1000】的厚度值，如图 4-31 所示。

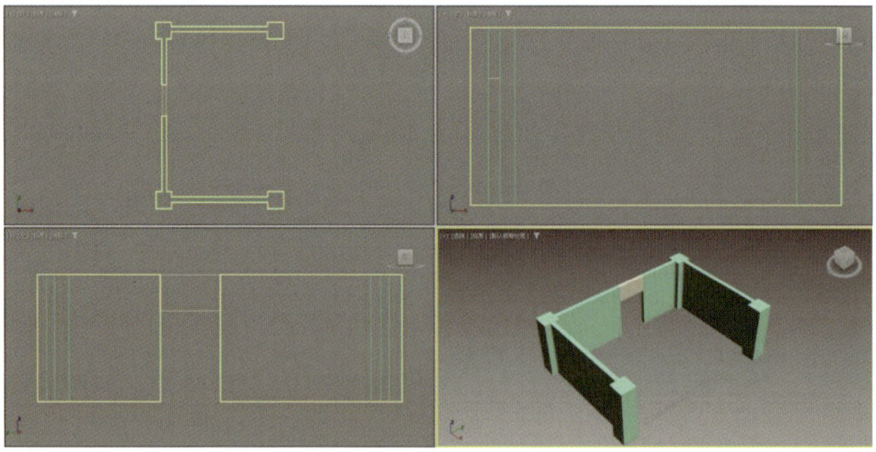

图 4-31

(6) 隐藏墙体，再点击【创建】下【图形】工具下的线，线条的起点与终点相遇时会有对话框弹出，一定要点击是(Y)按钮，使线条成为闭合的曲线。

(7) 点击修改面板下的【挤出】按钮，对绘制曲线设置挤压值【－240】的厚度值，作为地面物体，如图 4-32 所示。

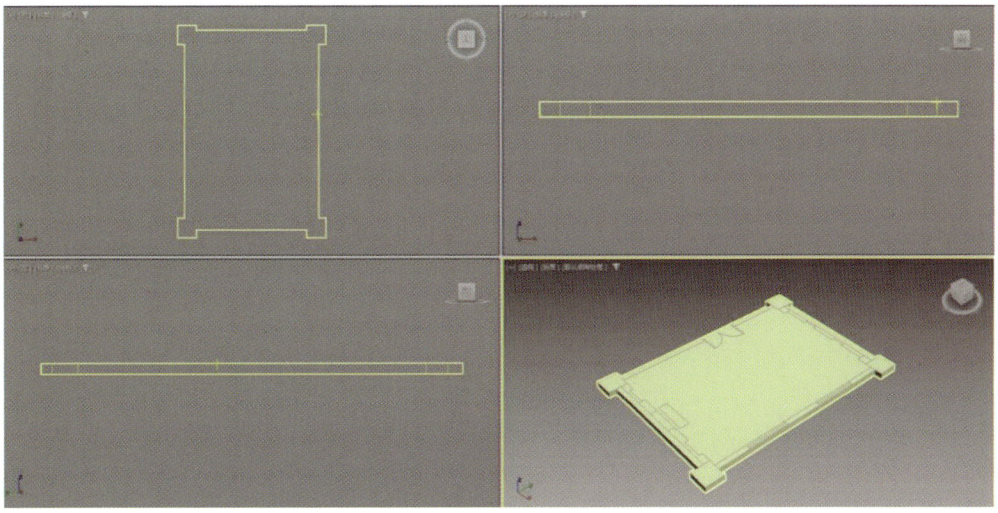

图 4-32

2. 餐厅包间空间立面建模

(1)在视图中点击右键,选择【全部取消隐藏】,显示出全部物体,点击【选择并移动】工具,选择餐厅包间立面 C 图形,在视图中点击右键,选择【隐藏未选择物体】,再点击右键,选择【冻结当前选择】,冻结餐厅包间立面 C。

(2)打开捕捉,点击【创建】下【图形】工具下的矩形,在【左】视图重描餐厅包间立面 C,在绘制背景墙区域时取消勾选【开始新图形】,使绘制的线条成为一整体,点击修改面板下的【挤出】命令,然后设置挤压值为【-240】,如图 4-33 所示。

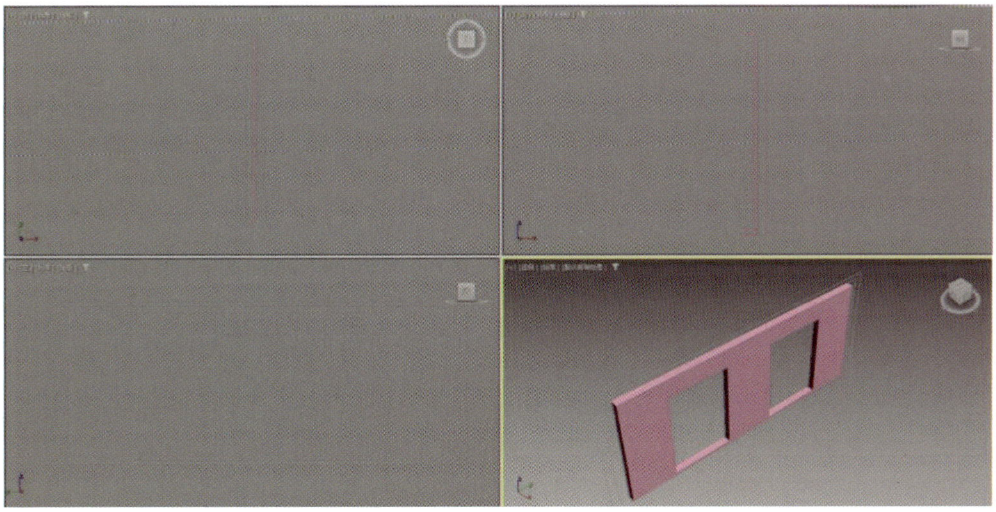

图 4-33

3. 餐厅包间空间沙发背景墙立面建模

(1)在视图中点击右键,选择【全部取消隐藏】,显示全部物体,点击【选择并移动】工具,选择餐厅包间立面 B 图形,在视图中点击右键,选择【隐藏未选择物体】,再点击右键,选择【冻结当前选择】,冻结餐厅包间立面 B。

(2)打开捕捉,点击【创建】下【图形】工具下的矩形,在【前】视图绘制餐厅包间立面 B,在绘制背景墙区域时取消勾选【开始新图形】,使绘制的图形成为一整体,点击修改面板下的【挤出】命令,然后设置挤压值为【420】。

(3)重复以上步骤,把餐厅包间立面B的其他立面都进行创建,挤出的数值分别为【20】【80】,点击【选择并移动】工具,调整出背景墙的层次,如图4-34所示。

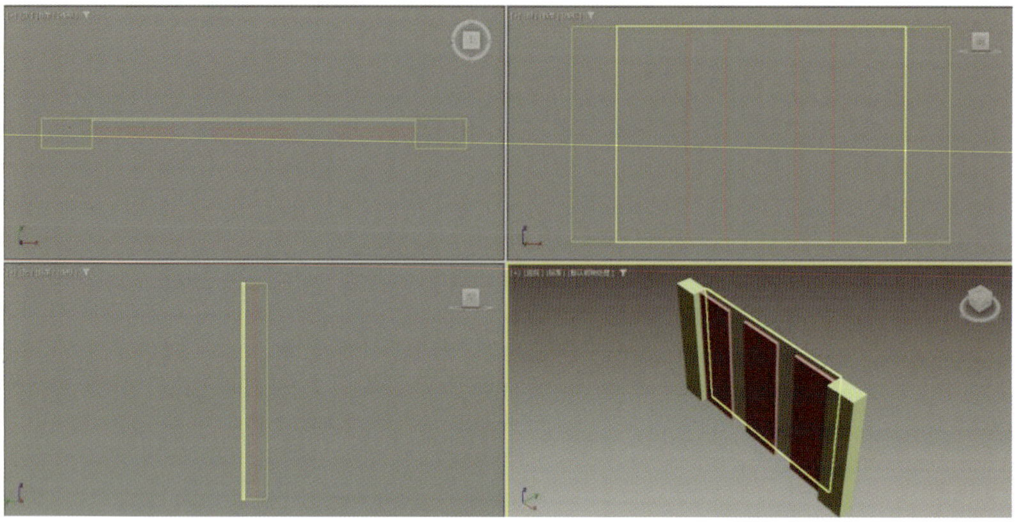

图4-34

4. 餐厅包间空间条案背景墙立面建模

(1)在视图中点击右键,选择【全部取消隐藏】,显示出全部物体,点击【选择并移动】工具,选择餐厅包间立面D图形,在视图中点击右键,选择【隐藏未选择物体】,再点击右键,选择【冻结当前选择】,冻结餐厅包间立面D。

(2)打开捕捉,点击【创建】下【图形】工具下的矩形,在【前】视图绘制餐厅包间立面D两端包柱造型,在绘制背景墙区域时取消勾选【开始新图形】,使绘制的图形成为一整体,点击修改面板下的【挤出】命令,然后设置挤压值为【-320】。

(3)继续在【前】视图绘制餐厅包间立面D两端背景造型,在绘制背景墙区域时取消勾选【开始新图形】,使绘制的图形成为一整体,点击修改面板下的【挤出】命令,然后设置挤压值为【-150】,如图4-35所示。

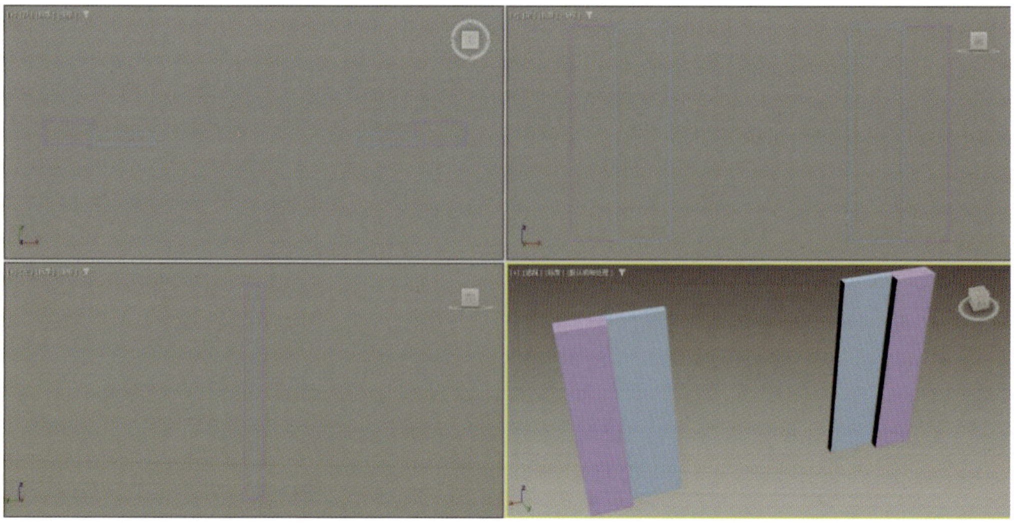

图4-35

(4)点击【创建】下【图形】工具下的矩形，在【前】视图绘制餐厅包间立面D中间背景造型，造型分为三部分，先绘制金属包边，再绘制外部背景和内部背景。三部分【挤出】设置的数值分别是【－320】【－120】【－100】，点击【选择并移动】工具，调整出背景墙的层次，如图4-36所示。

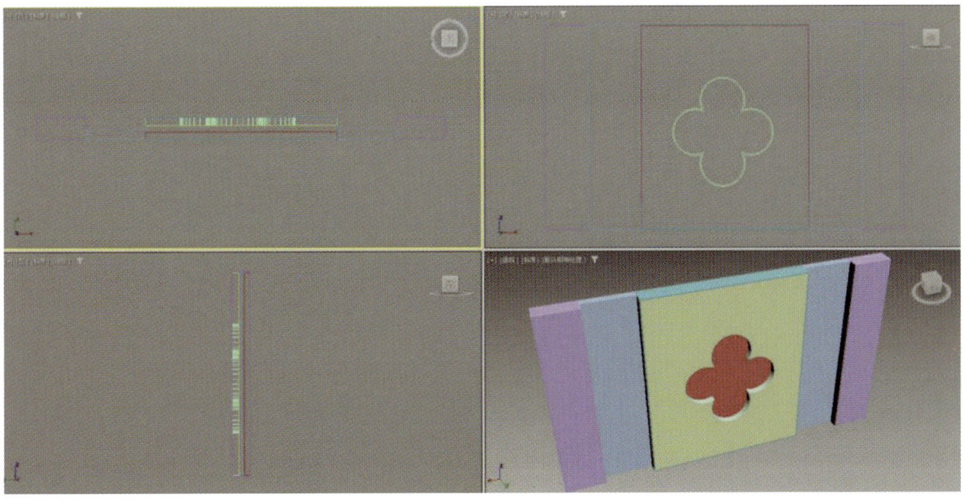

二维码 4-4

图 4-36

5. 餐厅包间空间顶建模

(1)保存文件，选择菜单栏中的【文件】下的【导入】，执行【导入】命令，在【顶】视图中输入餐厅包间顶面，进行顶面造型的绘制。

(2)点击【创建】下【图形】工具下的线，在【顶】视图绘制餐厅顶面吊顶造型外部，再创建【图形】工具下的圆，半径数值为【2100】，点击【对齐】工具，在【对齐当前选择】面板中，对齐位置勾选X、Y、Z轴，当前对象和目标对象都选择中心。

(3)点击【选择并移动】工具，将绘制的圆在【顶】视图中移到合适位置，选择吊顶造型外图形，在【编辑多边形】面板下选择【多边形】选项，在面板的参数项【几何体】下进行样条线的【附加】命令，将圆形附加为一体。

(4)点击修改面板下的【挤出】命令，然后设置挤压值为【200】，如图4-37所示。

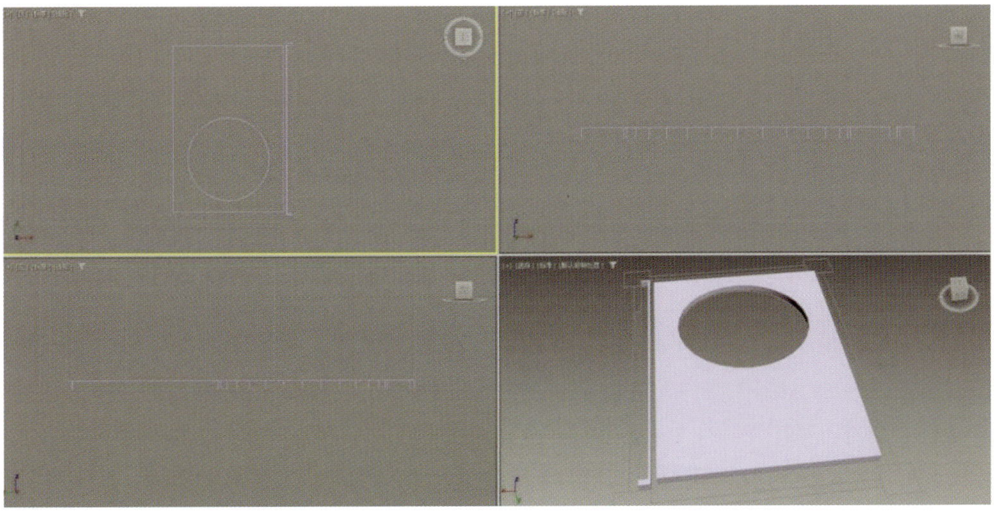

图 4-37

(5)点击＋【创建】下【图形】工具下的圆，在【顶】视图绘制餐厅顶面圆形部位造型包边，半径数值为【2100】，将圆形转化成可编辑的样条线，在【编辑多边形】面板下选择【多边形】选项，在面板的参数项【几何体】下选择样条线【轮廓】，执行参数为【－20】的轮廓命令。点击修改面板下的【挤出】命令，然后设置挤压值为【200】。

(6)用同样的方法绘制吊顶内部圆环，设置挤压值为【300】。点击【选择并移动】工具，点击【对齐】工具，将绘制的造型调整到合适位置，如图 4-38 所示。

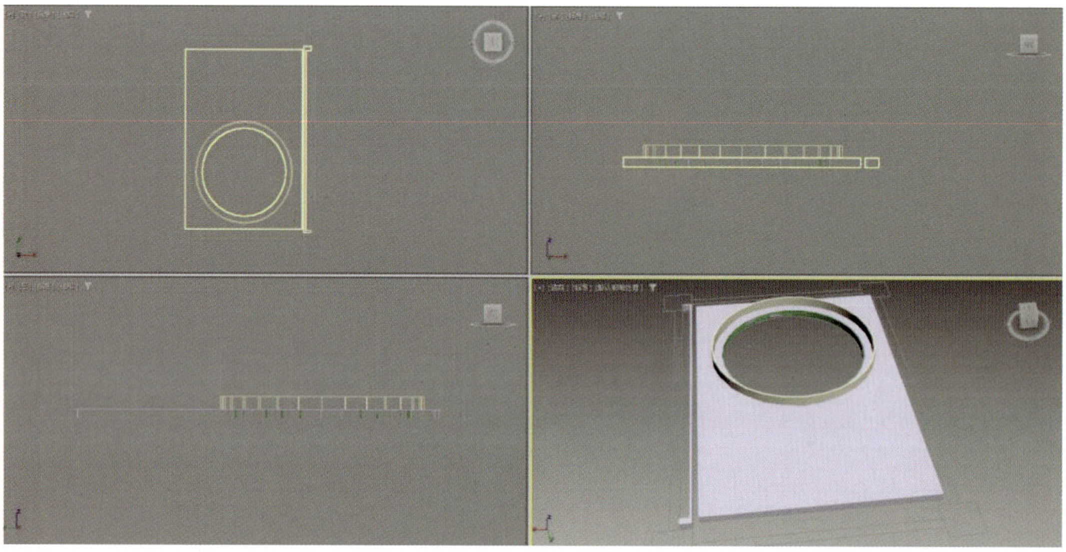

图 4-38

(7)点击【选择并移动】工具，打开【捕捉】，在【透视】视图中把创建的顶造型移动、对齐到之前的餐厅包间空间中，如图 4-39 所示。

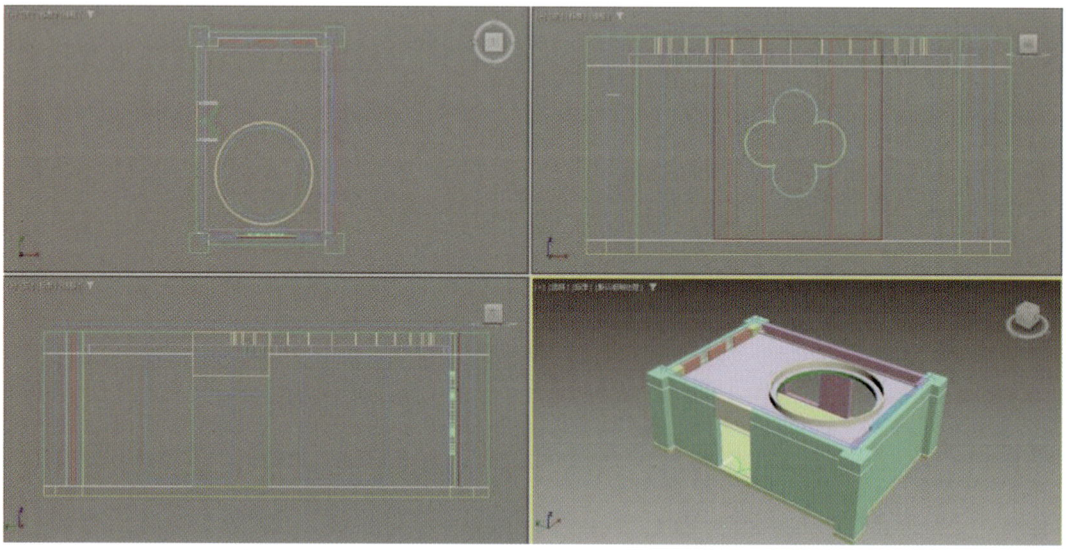

图 4-39

(8)点击＋【创建】下【图形】工具下的矩形，打开【捕捉】，绘制一个矩形，点击修改面板下的【挤出】命令，然后设置挤压值为【120】，利用【选择并移动】工具，在【前】视图或【左】视图中将矩形垂直移动到合适位置，作为空间的原始顶面，如图 4-40 所示。

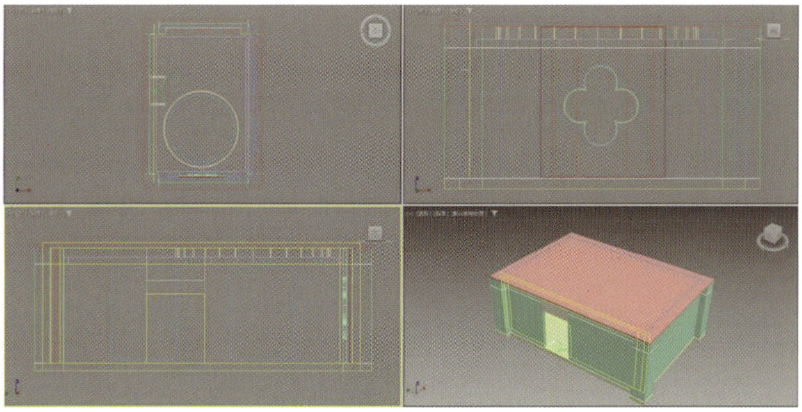

图 4-40

二维码 4-5

6. 餐厅包间整体空间的完善

(1) 在【文件】下的【导入】中选择【合并】,将会议室内部需要的餐桌、沙发、装饰画、吊灯、窗帘、窗户等模块合并到场景,使场景符合设计要求。在导入外部模型时,根据空间风格对各模块适当调整。

(2) 点击＋【创建】下【图形】工具下的矩形,在【左】视图绘制图形,并且选择图形,点击修改面板下的【挤出】命令,然后设置挤压值为【10】,创建出外景。

(3) 此时,会议室的主体空间就基本制作完成,在空间设置摄像机,调整摄像机到合适的位置,把相机移出模型,利用相机面板中的剪切平面,使空间视图更加合理,如图 4-41 所示。

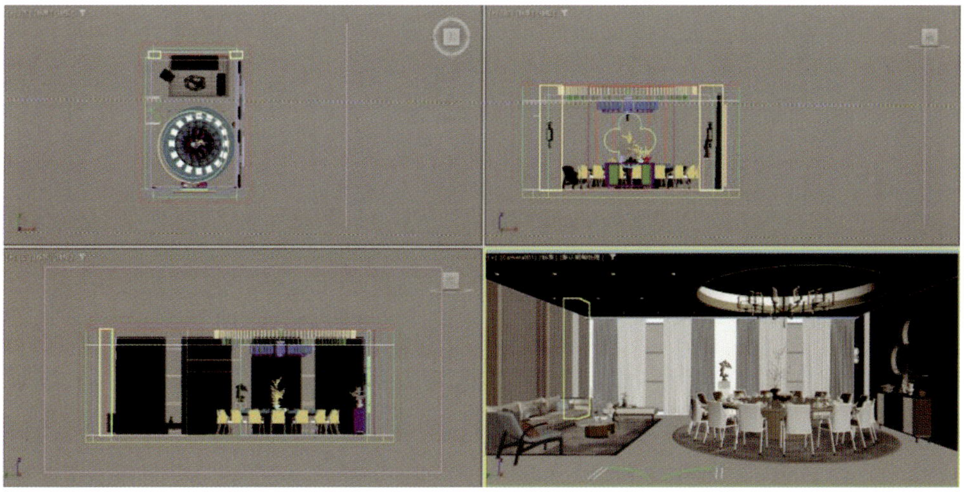

图 4-41

任务三　新中式餐厅包间空间材质设置

知识点一、餐厅包间空间场景初步设置

1. 渲染场景初步设置

在效果图初调灯光的过程中,为了调整的方便和快捷,需要对 VRay 渲染器进行设置,调到预览草图的

级别，这样在调节场景中的灯光时，可以更快地观察灯光的变化。

(1) 按【F10】键，在弹出的【渲染设置】对话框中选择【渲染器】栏，先择渲染器 VRay 6 Hotfix1【VRay6.1 版】选项，选择指定渲染器。

(2) 在弹出的【渲染设置】面板中选择【公用】选项卡，在【公用】卷展栏中选择【公用参数】下的【输出大小】，设置宽度和高度，尺寸尽可能小一些，只要可以查看效果图大致关系即可，锁定图像纵横比，比例根据宽度和高度尺寸而设定。

(3) 选择【VRay】选项卡，在【全局开关】卷展栏中，模式设置为【高级模式】，【默认灯光】下选择【关闭全局照明(GI)】。

(4) 选择【VRay】选项卡，在【图像采样器(抗锯齿)】卷展栏中，将图像采样器类型设置为默认选项【渲染块】，取消勾选【图像过滤器】。

(5) 择【VRay】选项卡，在【颜色映射】卷展栏中，将类型设置为【线性倍增】，将【暗部倍增】数值设置为【1.0】，将【亮部倍增】数值设置为【1.0】。

(6) 选择【GI】选项卡，在【全局照明】卷展栏中，勾选【启用 GI】，【首次引擎】下选择【发光贴图】，【二次引擎】下改为【灯光缓存】。

二维码 4-6

(7) 在【发光贴图】卷展栏中，【当前预设】方式设置为【自定义】，将【最小比率】值设置为【−4】，将【最大比率】值设为【−4】，将【细分】值设为【50】，【插值采样】值设为【20】。

(8) 进入【灯光缓存】卷展栏中，将【细分】值设为【200】。

(9) 选择【设置】选项卡，进入【系统】卷展栏，将【序列】方式设置为【上→下】的方式。

2. 材质编辑器初步设置

(1) 打开材质编辑器，选择一空白材质球，设置材质类型为 VRay Mtl【VRay 材质】。

(2) 点击该材质球，将其拖拽至其他空白材质球，使其他类型的材质球也成为 VRay Mtl【VRay 材质】，并将这些材质球按照场景物体或者材质类型重命名，可以节约材质设置的时间。

知识点二、餐厅包间空间整体材质设置

1. 地面材质设置

(1) 打开材质编辑器，选择一空白材质球，命名为【地板】。

(2) 在【漫反射】贴图通道里，设置【衰减】贴图，在 Falloff【衰减】参数面板下前、侧的黑色贴图通道中贴一张木饰面材质贴图，该贴图为“随书配套二维码 \ 项目四 \ 贴图 \ 无缝浅灰色木地板 .jpg”文件，用来模拟真实世界里地板的纹理和颜色。颜色 RGB 值设置为【217,214,211】，衰减类型为【Fresnel】(菲涅尔)。【反射】颜色 RGB 值设置为【3,3,3】，其余参数保持默认。

(3) 在贴图面板【凹凸】通道里指定一张凹凸贴图，该贴图为“随书配套二维码 \ 项目四 \ 贴图 \ 无缝浅灰色木地板 .jpg”文件，并将参数值设置为【50】，如图 4-42 所示。

2. 墙体、顶面、吊顶材质设置

(1) 打开材质编辑器，选择一空白材质球，命名为【乳胶漆】。

(2) 在【漫反射】贴图通道里，颜色 RGB 值设置为【255,255,255】，【粗糙度】数值设置为【0.3】，其余参数保持默认。点击【将材质指定给选定物体】按钮，将材质指定给空间原始墙体、原始顶面、吊顶。参数设置如图 4-43 所示。

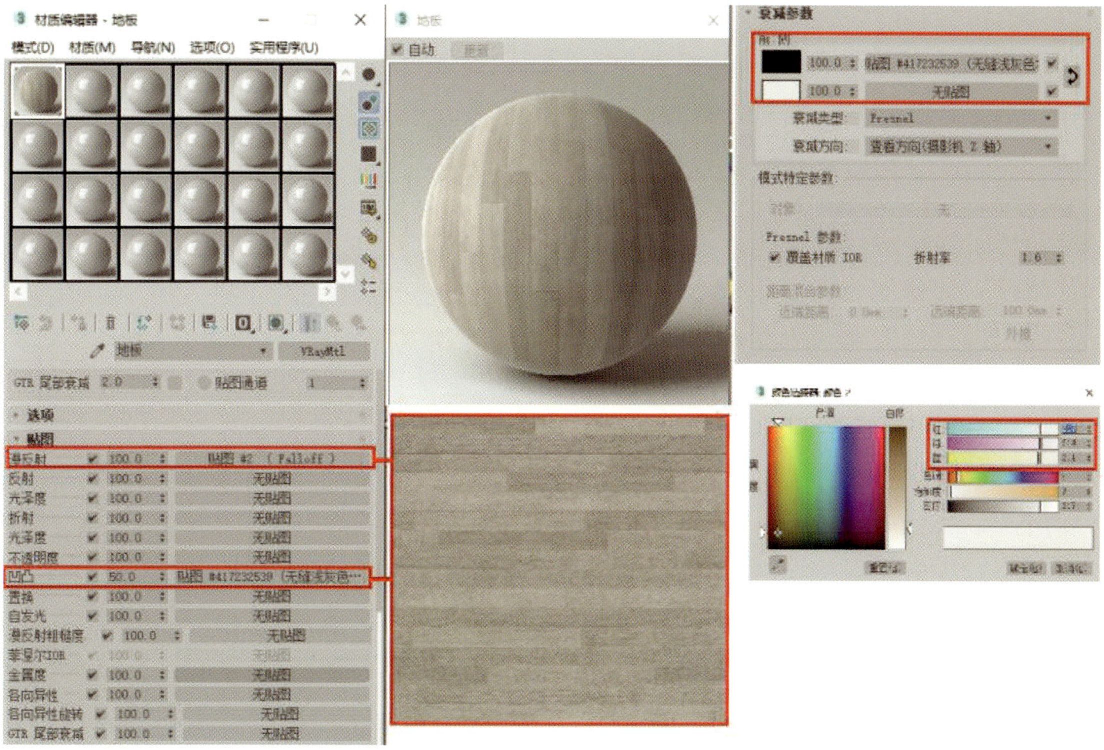

图 4-42

图 4-43

3. 沙发背景墙材质设置

(1) 打开材质编辑器,选择一空白材质球,命名为【背景墙 1】。

(2) 在【漫反射】贴图通道里,贴一张新中式壁纸的材质贴图,该贴图为"随书配套二维码\项目四\贴图\新中式抽象山水壁画.jpg"文件,用来模拟真实世界里屏风隔断的纹理和颜色。在贴图面板【凹凸】通道里指定一张与【漫反射】贴图一样的图片,该贴图为"随书配套二维码\项目四\贴图\新中式抽象山水壁画.jpg"文件,并将参数值设置为【30】,【反射】颜色 RGB 值设置为【3,4,4】,【光泽度】值设置为【0.95】,其余参数保持默认。点击【将材质指定给选定物体】按钮,将材质指定给沙发背景墙。点击【将材质指定给选定物体】按钮，将材质指定给背景墙中间隔断吊顶造型。参数设置如图 4-44 所示。

(3)打开材质编辑器，选择一空白材质球，命名为【背景乳胶漆】。

(4)将【漫反射】颜色 RGB 值设置为【108,61,55】，【粗糙度】数值设置为【0.3】，在贴图面板【凹凸】通道里指定一张仿凹凸图片，该贴图为“随书配套二维码 \ 项目四 \ 贴图 \ 灰色卷云纹理 .jpg”文件，并将参数值设置为【30】。点击【将材质指定给选定物体】按钮，将材质指定给背景墙背景造型。参数设置如图 4-45 所示。

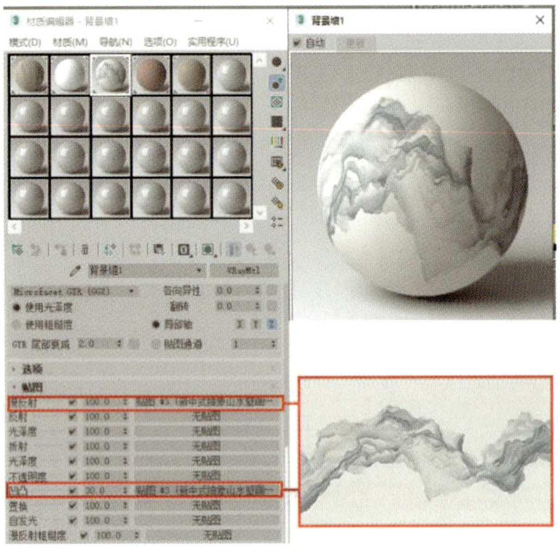

图 4-44

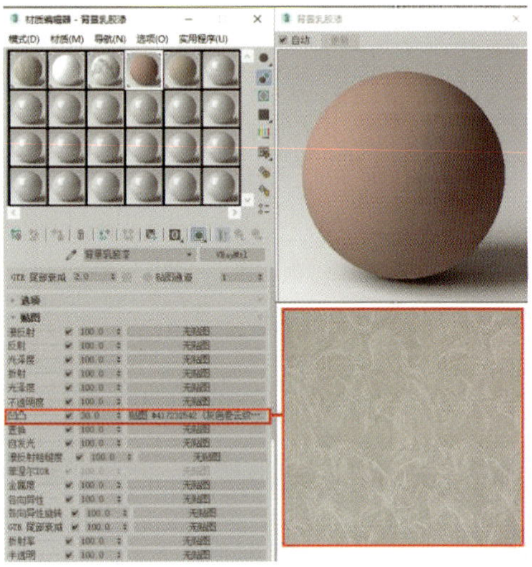

图 4-45

(5)打开材质编辑器，选择一空白材质球，命名为【背景木饰面】。

(6)在【漫反射】贴图通道里，设置【衰减】贴图，在 Falloff【衰减】参数面板下前、侧的黑色贴图通道中贴一张木饰面材质贴图，该贴图为“随书配套二维码 \ 项目四 \ 贴图 \ 原木色 .jpg”文件，用来模拟真实世界里木纹的纹理和颜色。颜色 RGB 值设置为【2.6,2.3,2.0】，衰减类型为【Fresnel】(菲涅尔)。【反射】贴图通道里设置 Falloff【衰减】贴图，Falloff【衰减】参数面板保持默认参数。

(7)在贴图面板【凹凸】通道里指定一张凹凸贴图，该贴图为“随书配套二维码 \ 项目四 \ 贴图 \ 原木色 .jpg”文件，并将参数值设置为【30】。点击【将材质指定给选定物体】按钮，将材质指定给背景墙两端包柱造型。参数设置如图 4-46 所示。

二维码 4-7

图 4-46

4. 条案背景墙材质设置

(1)打开材质编辑器,选择一空白材质球,命名为【条案背景墙】。

(2)在【漫反射】贴图通道里,贴一张新中式壁纸的材质贴图,该贴图为“随书配套二维码\项目四\贴图\新中式祥云纹壁纸.jpg”文件,用来模拟真实世界里屏风隔断的纹理和颜色。在贴图面板【凹凸】通道里指定一张与【漫反射】贴图一样的图片,该贴图为“随书配套二维码\项目四\贴图\新中式祥云纹壁纸.jpg”文件,并将参数值设置为【30】。点击【将材质指定给选定物体】按钮,将材质指定给条案背景墙两端造型。参数设置如图4-47所示。

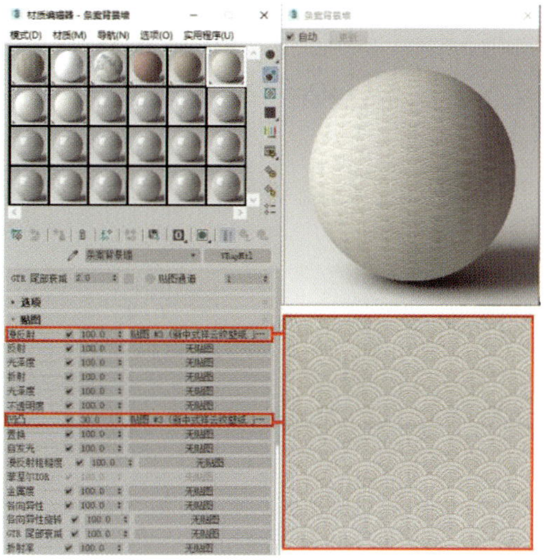

图 4-47

(3)拖拽【条案背景墙】材质球到一空白材质球,可以复制该材质的所有特性,命名为【条案背景墙2】。

(4)在【漫反射】贴图通道里,贴一张新中式壁纸的材质贴图,该贴图为“随书配套二维码\项目四\贴图\白色海浪纹理.jpg”文件,用来模拟真实世界里屏风隔断的纹理和颜色。在贴图面板【凹凸】通道里指定一张与【漫反射】贴图一样的图片,该贴图为“随书配套二维码\项目四\贴图\白色海浪纹理.jpg”文件,并将参数值设置为【30】。点击【将材质指定给选定物体】按钮,将材质指定给条案背景墙中间造型。参数设置如图4-48所示。

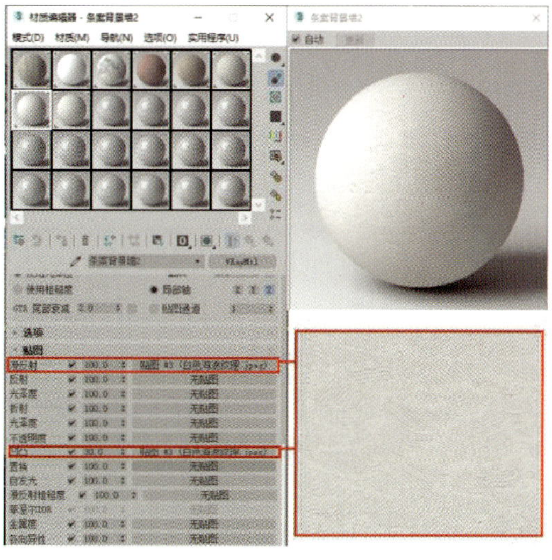

图 4-48

(5)拖拽【条案背景墙】材质球到一空白材质球，可以复制该材质的所有特性，命名为【条案背景墙 3】。

(6)在【漫反射】贴图通道里，贴一张新中式壁纸的材质贴图，该贴图为“随书配套二维码＼项目四＼贴图＼中式纹理墙布 .jpg”文件，用来模拟真实世界里屏风隔断的纹理和颜色。在贴图面板【凹凸】通道里指定一张与【漫反射】贴图一样的图片，该贴图为“随书配套二维码＼项目四＼贴图＼中式纹理墙布 .jpg”文件，并将参数值设置为【30】。点击【将材质指定给选定物体】按钮，将材质指定给背景墙中间造型的内凹背景。参数设置如图 4-49 所示。

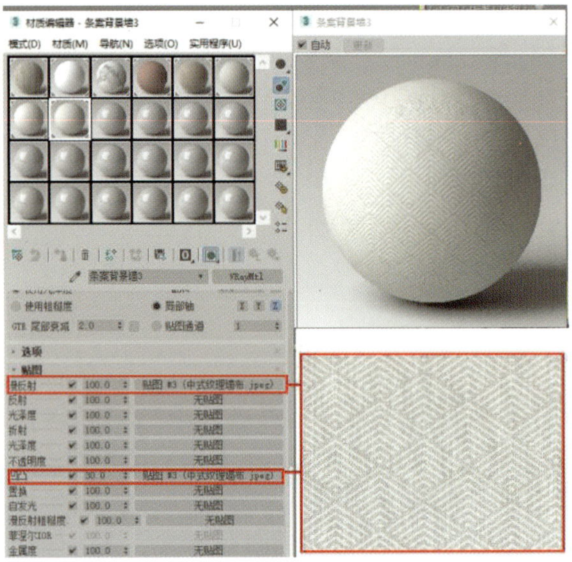

图 4-49

知识点三、餐厅包间空间细节材质设置

1. 吊顶包边金属材质设置

(1)打开材质编辑器，选择一空白材质球，命名为【顶金属】。

(2)【漫反射】颜色 RGB 值设置为【103,80,39】浅黄色，模拟有色金属效果，【反射】颜色 RGB 值设置为【119,119,119】，其余参数保持默认，如图 4-50 所示。

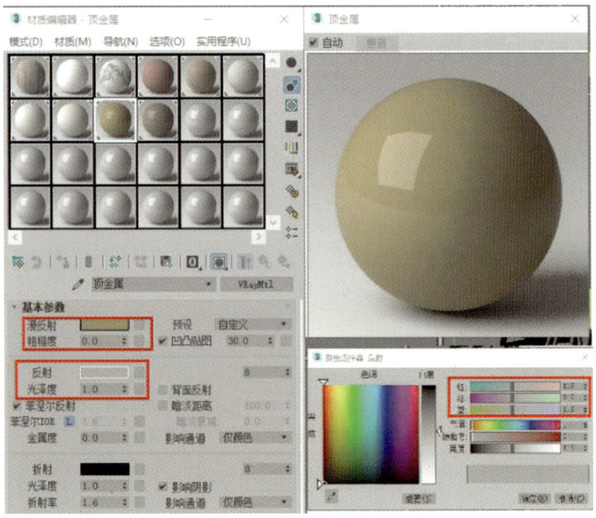

图 4-50

2. 造型包边金属材质设置

(1)拖拽【顶金属】材质球到一空白材质球,命名为【包边金属】。

(2)【漫反射】颜色 RGB 值设置为【70,62,52】浅灰色,模拟有色金属效果,【反射】颜色 RGB 值设置为【149,149,149】,其余参数保持默认,如图 4-51 所示。

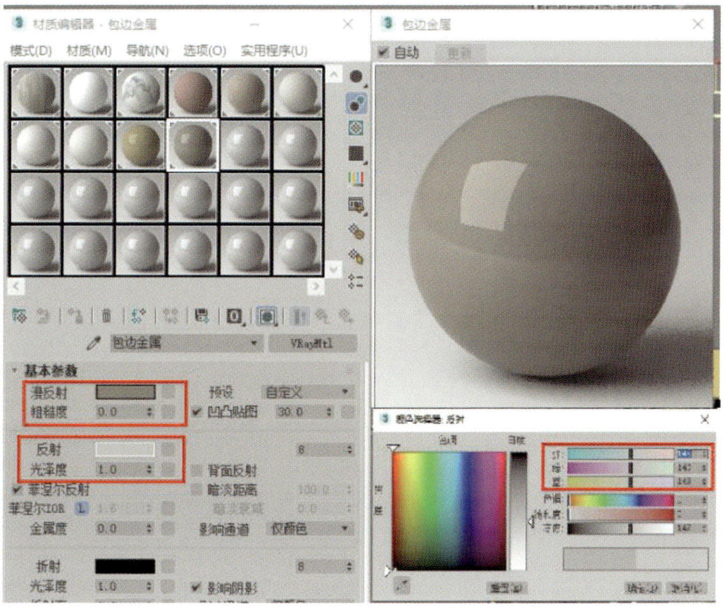

图 4-51

3. 外部环境材质设置

(1)打开材质编辑器,选择一空白材质球,命名为【外景】。

(2)在【漫反射】贴图通道里,贴一个装饰画的材质贴图,该贴图为“随书配套二维码\项目四\贴图\高层外景.jpg”文件,用来模拟真实的外部环境。参数设置如图 4-52 所示。

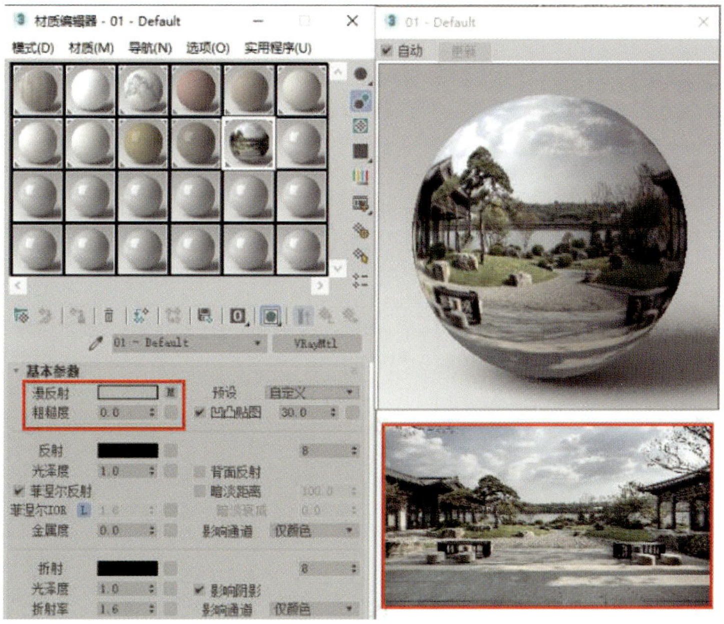

图 4-52

二维码 4-8

注意：在完成了主要材质的初步设置和调节后，其他的细小部分的材质或者材质的具体细节，可以放到灯光设置和渲染设置阶段进行调整，结合材质物体添加的 UVW 贴图进行纹理、尺寸的调整，使得场景效果更加真实。后续可以增加材质的分段数、一些细微的光泽度、阴影模式等来完善材质设置。粗调材质完成文件参考“随书配套二维码 \ 项目四 \ 餐厅包间 – 材质 .max”文件。进行渲染和粗调材质后的效果如图 4–53 所示。

图 4–53

任务四　新中式餐厅包间空间灯光设置

知识点一、餐厅包间空间主要灯光设置

在本任务中，将主要运用灯光模拟自然光和人工光进行照明，灯光由 VRay 灯、光度学灯光组成。

1. 空间环境光设置

(1) 点击【渲染】下的【环境】命令，在弹出面板中将【公用参数】下的【颜色】设置为【181，222，254】浅蓝色，模拟外部环境，其余参数保持默认。

(2) 进入创建面板，单击【灯光】按钮，在【灯光】下拉列表中选择【VRay】灯光类型，然后选择【VRay 灯光】。

(3) 在【左】视图餐厅包间窗户外创建一盏【VRay 灯光】，类型为【平面】，用于模拟自然光的发光效果。

(4) 点击【选择并移动】工具，选中【VRay 灯光】，同时按【SHIFT】键，向其他窗口移动复制，在弹出的【克隆移动】面板中选择【对象】下的【实例】，灯光就相互关联了，便于后续的参数调整，如图 4–54 所示。

(5) 灯光具体参数设置。在【常规】中设置灯光的【长度】和【宽度】大小，设置【倍增】为【2.0】；颜色 RGB 值设置为【173，200，255】，偏冷色，模拟天空的颜色；在【选项】下勾选【不可见】，如图 4–55 所示。

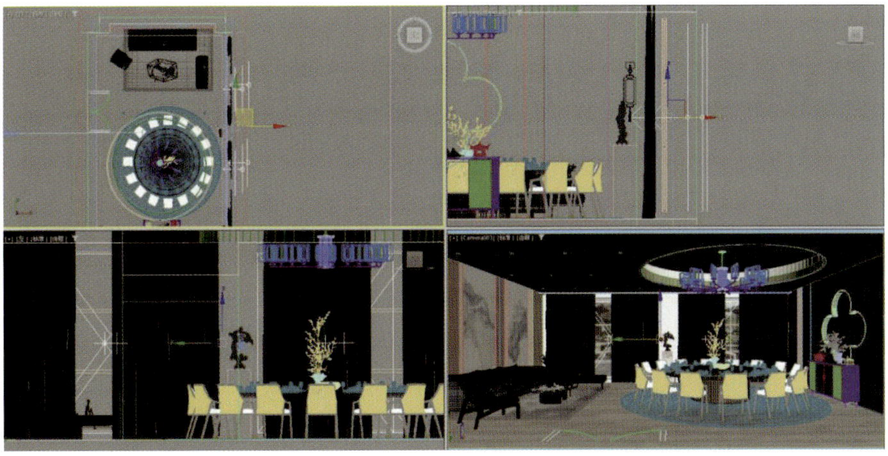

图 4-54

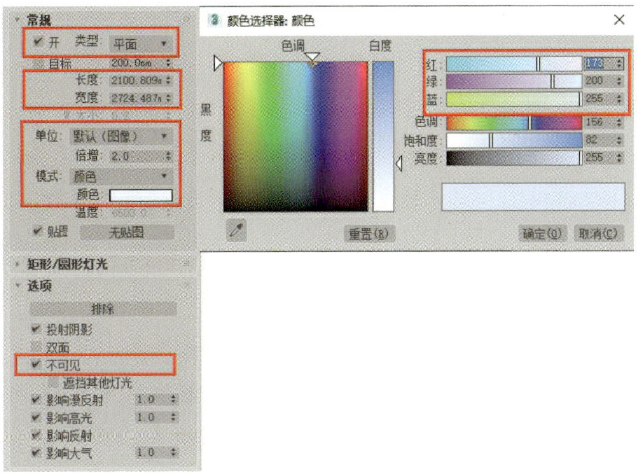

图 4-55

2. 室内主光源设置

(1)主光源效果需要用多盏光度学灯光来模拟，进入创建面板，点击【灯光】按钮，在【灯光】下拉列表中选择【光度学】灯光类型，在【前】视图创建一盏【目标灯光】，然后在【顶】视图与【左】视图中进行实例复制，调节其位置到吊顶筒灯下方，如图 4-56 所示。

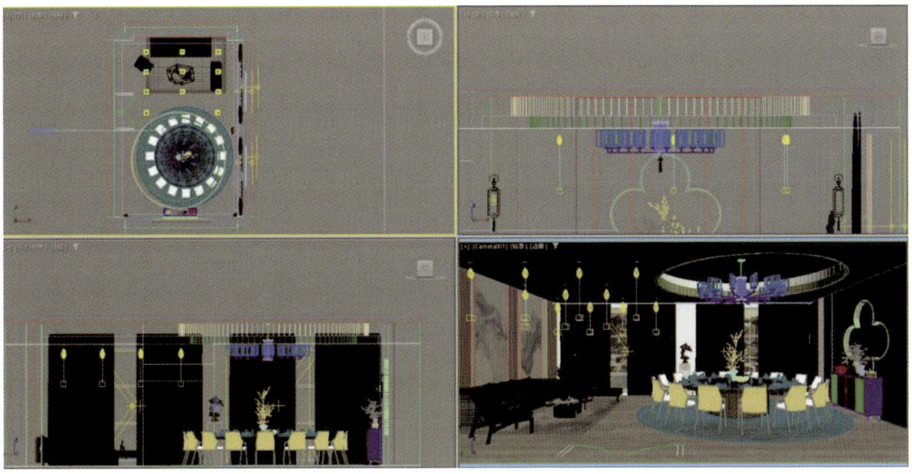

图 4-56

(2)灯光具体参数设置。在【常规参数】下【阴影】中勾选【启用】,类型选择【VRayShadow】;在【灯光分布(类型)】下选择【光度学 Web】;在【分布(光度学 Web)】下点击空白贴图通道,选择光度学文件,贴图为"随书配套二维码\项目四\光域网\24.ies"文件;在【强度/颜色/衰减】下选择【颜色】为默认选项,【过滤颜色】RGB 值设置为【255,201,153】,偏暖色,强度经过调试,设置为默认值。如图 4-57 所示。

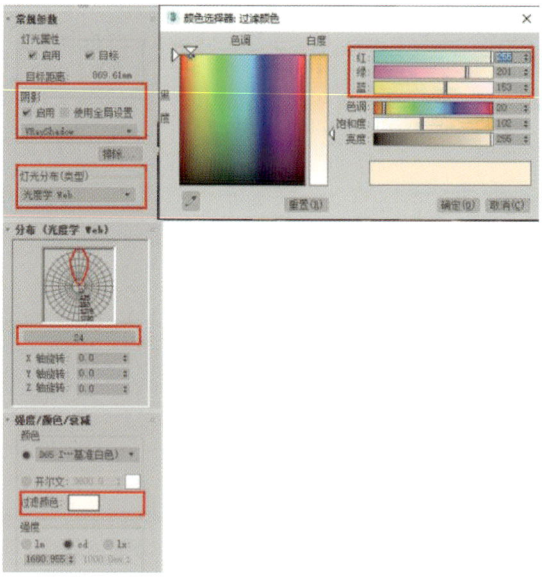

图 4-57

3. 空间顶部灯槽光设置

(1)进入创建面板,点击【灯光】按钮,在【灯光】下拉列表中选择【VRay】灯光类型,然后选择【VRay灯光】。

(2)在【前】视图或【左】视图中餐厅包间吊顶空间的位置创建一盏【VRay 灯光】,然后在【顶】视图中利用【镜像】【移动】【旋转】【缩放】等工具调节其位置、尺寸,如图 4-58 所示。

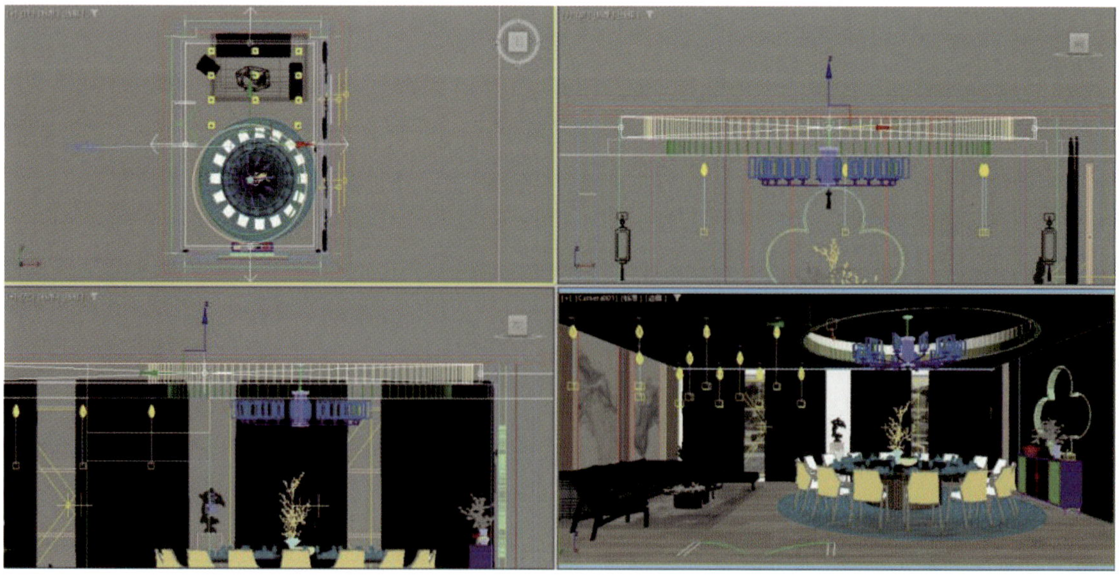

图 4-58

(3)灯光具体参数设置。在【常规】中设置【类型】为平面,设置灯光【长度】和【宽度】大小,设置【倍增】

为【3.0】；颜色 RGB 值设置为【255,218,193】，偏暖色；在【选项】下勾选【不可见】，如图 4-59 所示。

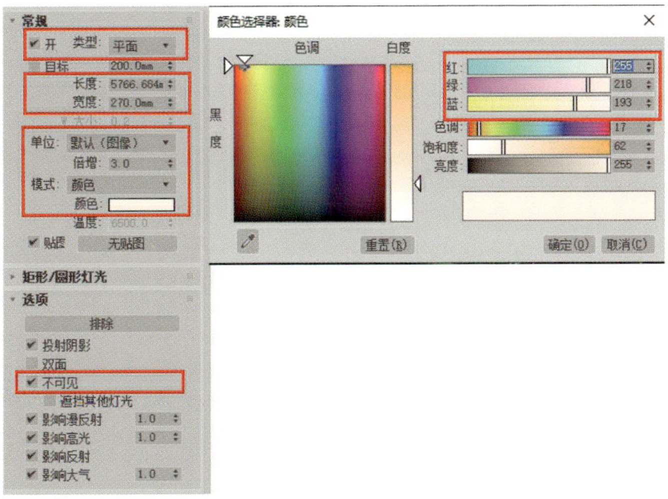

二维码 4-9

图 4-59

知识点二、餐厅包间空间辅助光源设置

1. 顶部造型发光灯槽的设置

一般来说，发光灯槽用【VRay 灯光】来实现，注意其方向和位置，将其调亮一些，达到略微曝光的效果。

(1) 进入创建面板，点击【灯光】按钮，在【灯光】下拉列表中选择【VRay】灯光类型，然后选择【VRay 灯光】。

(2) 在【左】视图中创建【VRay 灯光】，灯光的箭头向灯槽外部，表示灯光向吊顶造型中心照射，利用旋转和实例移动工具，在【顶】视图和【前】视图中调节其位置，最后围合成一个圆形，在操作的过程中可以先做四分之一圆，再利用镜像工具，做成半圆和最终的圆，注意灯光的首尾相连，如图 4-60 所示。

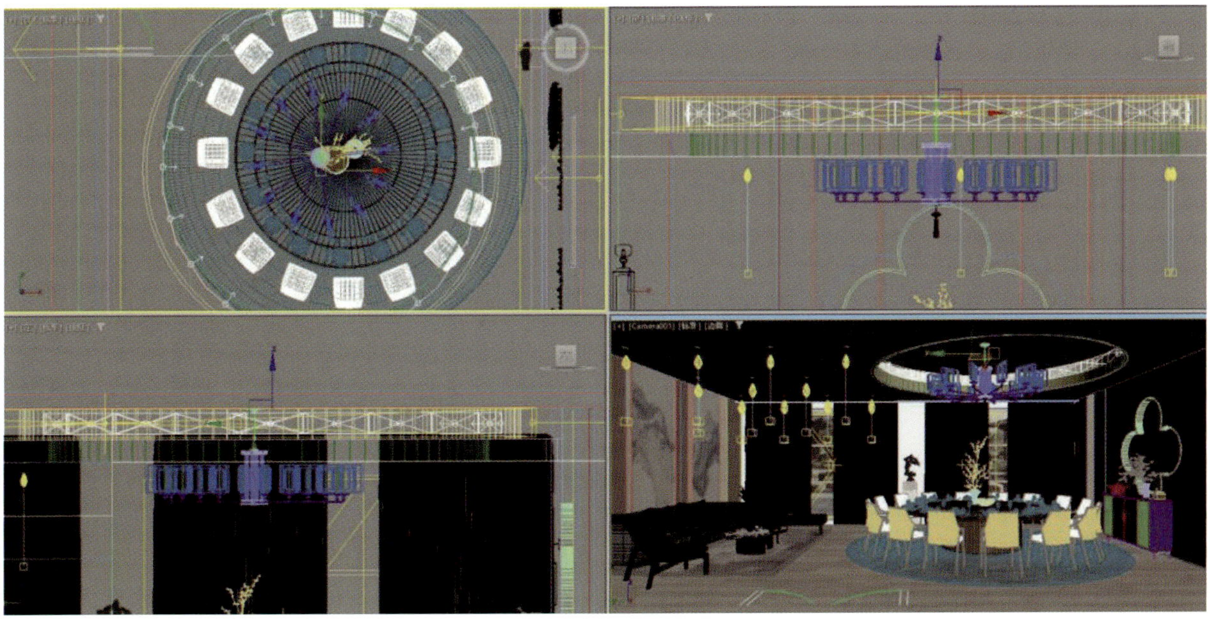

图 4-60

(3) 灯光具体参数设置。在【常规】中设置【类型】为【平面】，设置灯光【长度】和【宽度】大小，设置

【倍增】为【2.0】；颜色 RGB 值设置为【255，218，193】，偏暖色；在【选项】下勾选【不可见】，如图 4-61 所示。

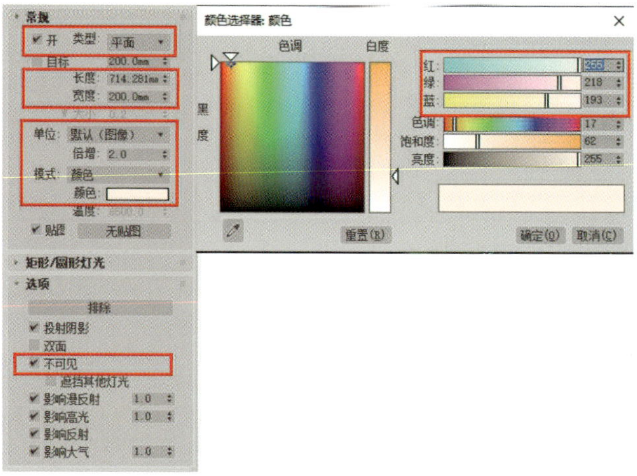

图 4-61

2. 条案背景墙造型发光灯槽的设置

(1) 进入创建面板，点击【灯光】按钮，在【灯光】下拉列表中选择【VRay】灯光类型，然后选择【VRay 灯光】。

(2) 在【顶】视图中创建【VRay 灯光】，灯光的箭头向灯槽外部，表示灯光向造型中心照射，利用旋转和实例移动工具，在【左】视图和【前】视图中调节其位置，最后围合成一个造型，在操作的过程可以先做四分之一圆，再利用镜像工具，做成半圆和最终的圆，再复制成造型，注意灯光的首尾相连，如图 4-62 所示。

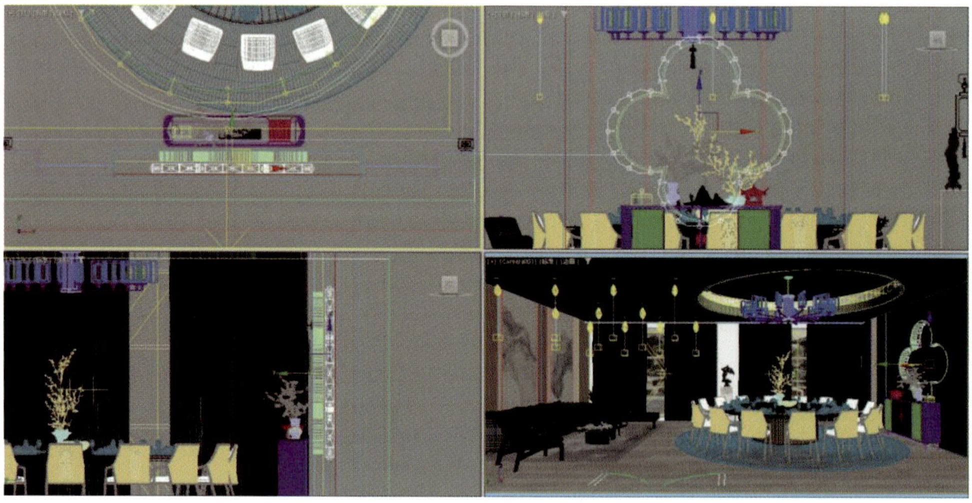

图 4-62

(3) 灯光具体参数设置。在【常规】中设置【类型】为【平面】，设置灯光【长度】和【宽度】大小，设置【倍增】为【3.0】；颜色 RGB 值设置为【255，218，193】，偏暖色；在【选项】下勾选【不可见】，如图 4-63 所示。

3. 沙发背景墙造型发光灯槽的设置

(1) 进入创建面板，点击【灯光】按钮，在【灯光】下拉列表中选择【VRay】灯光类型，然后选择【VRay 灯光】。

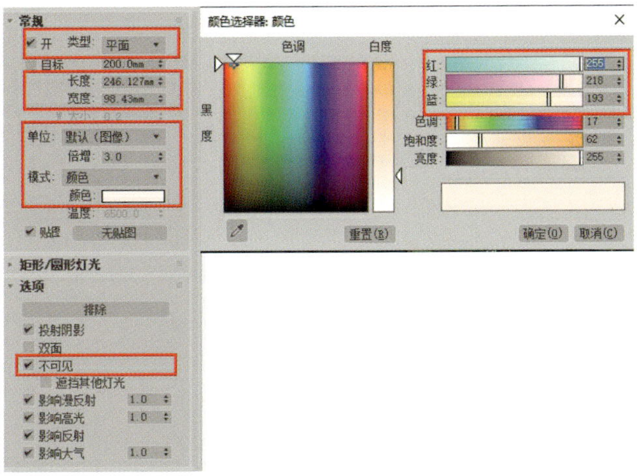

图 4-63

(2)在【左】视图中创建【VRay 灯光】,灯光的箭头向灯槽外部,表示灯光向造型中心照射,利用旋转和实例移动工具,在【顶】视图和【前】视图中调节其位置,如图 4-64 所示。

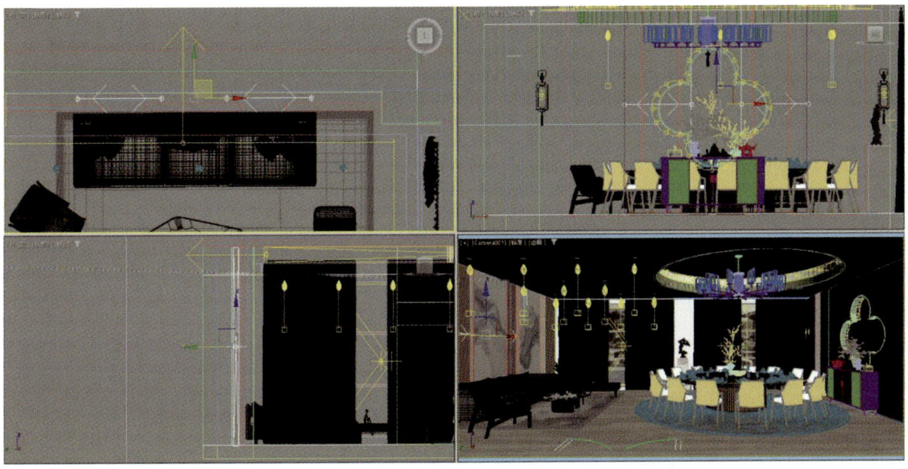

图 4-64

(3)灯光具体参数设置。在【常规】中设置【类型】为【平面】,设置灯光【长度】和【宽度】大小,设置【倍增】为【5.0】;颜色 RGB 值设置为【255,218,193】,偏暖色;在【选项】下勾选【不可见】,如图 4-65 所示。

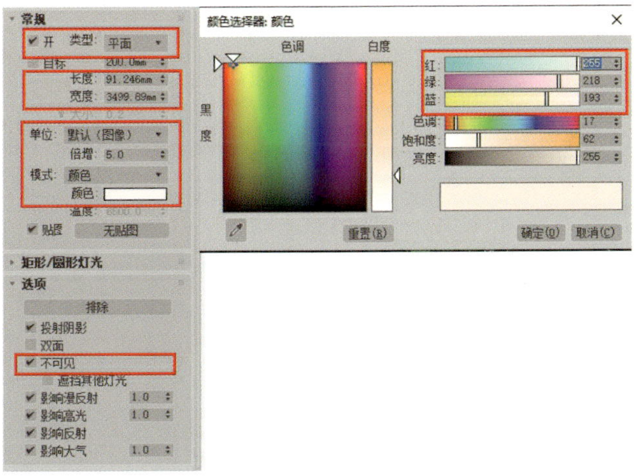

图 4-65

4. 墙面壁灯的设置

(1)进入创建面板，点击【灯光】按钮，在【灯光】下拉列表中选择【VRay】灯光类型，然后选择【VRay灯光】。

(2)在【顶】视图中创建【VRay灯光】，在【前】视图或者【左】视图中调节其位置，向上移到相应位置，如图4-66所示。

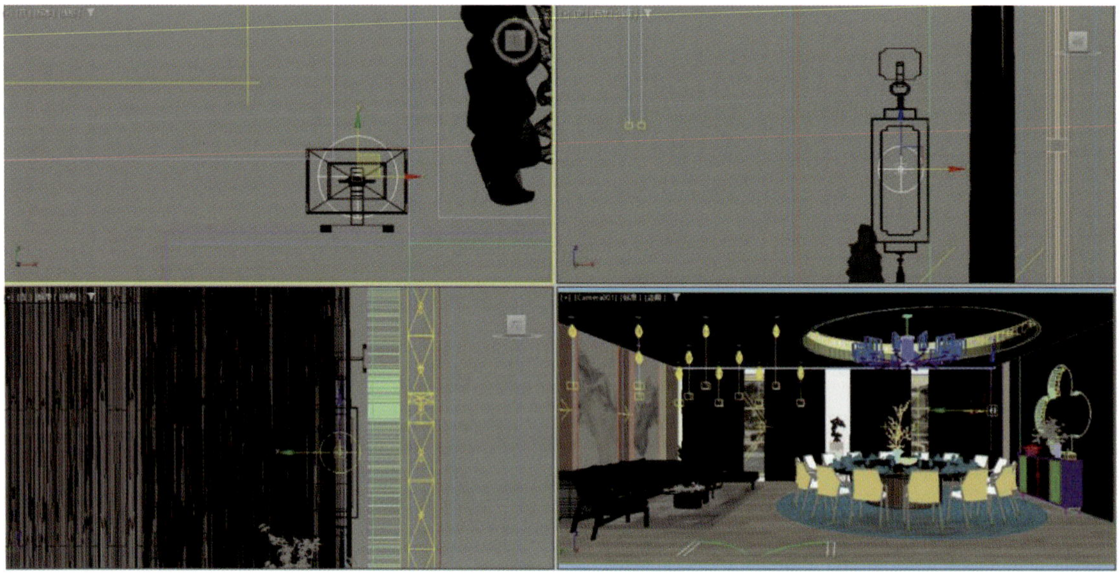

图 4-66

(3)灯光具体参数设置。在【常规】中设置【类型】为【球体】，设置灯光【半径】大小，设置【倍增】为【2.0】；颜色RGB值设置为【255，218，193】，偏暖色；在【选项】下勾选【不可见】，如图4-67所示。

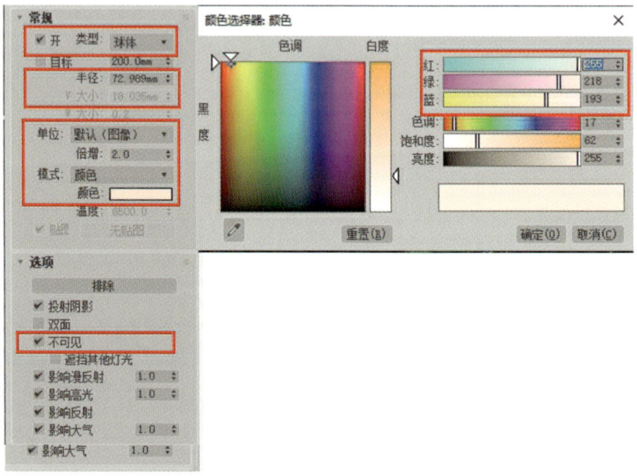

二维码 4-10

图 4-67

注意：场景调整到此就可以开始渲染光子图了，从美术学的角度来看，一张图的美是没有最终标准的，场景中灯光的细节，可以在后续结合材质、渲染器等进行进一步调整。渲染者在布灯的过程中始终要把握住场景大的关系，对主要灯光进行调整，然后一步步细化，添加一些辅助光源。在此过程中，应做到收放自如，既能仅用几盏灯就出效果，又能调控多盏灯而不乱方寸并且突出主题。灯光效果图可以参考"随书配套二维码\项目四\餐厅包间－灯光.max"文件。

任务五　新中式餐厅包间空间渲染设置

知识点一、光子图的设置和保存

1. 光子图的尺寸

（1）光子图是为了最后渲染大图做准备的，渲染最终大图可以用光子图的尺寸放大不超出5倍来输出设置。

（2）点击【渲染设置】按钮，在弹出的【渲染设置】面板中选择【公用】选项卡，在【公用】卷展栏中选择【公用参数】下的【输出大小】，设置光子图的【宽度】为【632】，【高度】为【300】。

2. 光子图的设置

（1）选择【GI】选项卡，在【发光贴图】卷展栏中，【当前预设】方式设置为【非常高】，【最小比率】和【最大比率】采用默认值，将【细分】值设为【80】，【插值采样】值设为【50】，保存发光贴图文件。

（2）进入【灯光缓存】卷展栏中，将【细分】值设为【2000】，保存灯光缓存文件。

二维码 4-11

知识点二、最终渲染图的渲染保存

（1）最终渲染图的尺寸，采用光子图5倍内的尺寸都是可以的。

（2）选择【常规】选项卡，【输出尺寸】设置成品图需要的尺寸，此处设置的是2105×1000。

（3）在【渲染输出】勾选【保存文件】，点击【文件】，弹出保存面板，保存格式选择 .tga。

（4）选择【VRay】选项卡，在【图像采样器(抗锯齿)】卷展栏中，将图像采样器类型设置为默认选项【渲染块】，勾选【图像过滤器】，过滤器选择【Catmull-Rom】。

（5）选择【GI】选项卡，在【发光贴图】卷展栏中，【模式】选择为【从文件】，将保存的发光贴图 .vrmap 文件导入。在【灯光缓存】卷展栏中，【模式】选择为【从文件】，将保存的灯光图 .vrlmap 文件导入。

（6）最终渲染结果如图4-68所示，最终完成效果可以参考“随书配套二维码\项目四\餐厅包间效果图渲染 .tga”文件。

图 4-68

任务六　新中式餐厅包间空间后期效果调整

知识点一、Photoshop 后期调整

1. 打开、复制图像

（1）启动 Photoshop 软件，按【CTRL+O】组合键，在弹出的【打开】对话框中选择“餐厅包间效果图渲染.tga”文件并将其打开。

（2）选择背景图层，并复制背景图层，产生新图层作为备用。

2. 细节调整

（1）切换到餐厅包间效果图图层，对画面的亮度进行调整。选择菜单栏中的【图像】—【调整】—【曲线】命令或按【CTRL+M】组合键，在弹出的【曲线】对话框中进行设置，如图 4-69 所示。

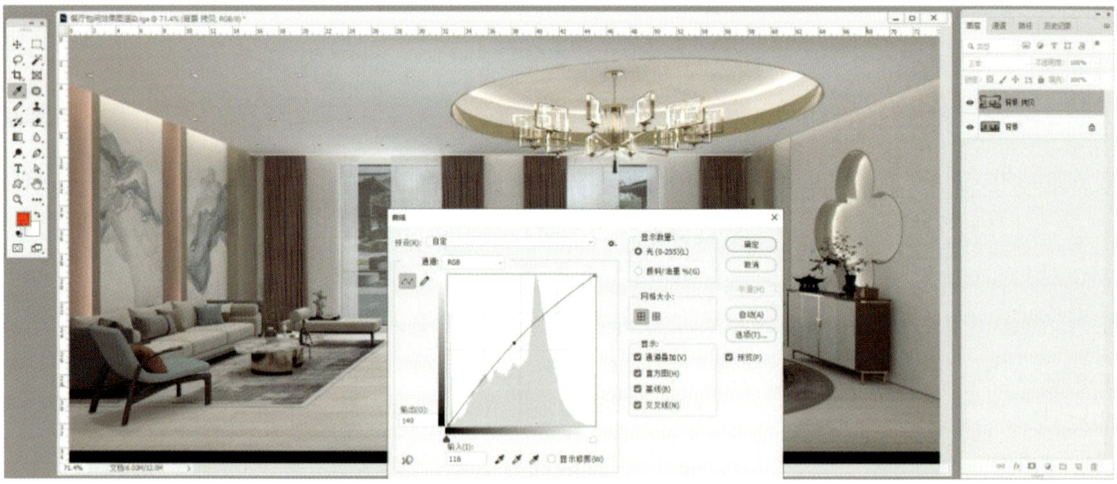

图 4-69

（2）对画面的黑白关系进行校正，选择菜单栏中的【图像】—【调整】—【色阶】命令或按【CTRL+L】组合键，在弹出的【色阶】对话框中进行设置，如图 4-70 所示。

图 4-70

(3) 对画面的色彩进行校正，更改图像的总体颜色混合程度。选择菜单栏中的【图像】—【调整】—【色彩平衡】命令或按【CTRL+B】组合键，在弹出的如图 4-71 所示的【色彩平衡】对话框中进行设置。

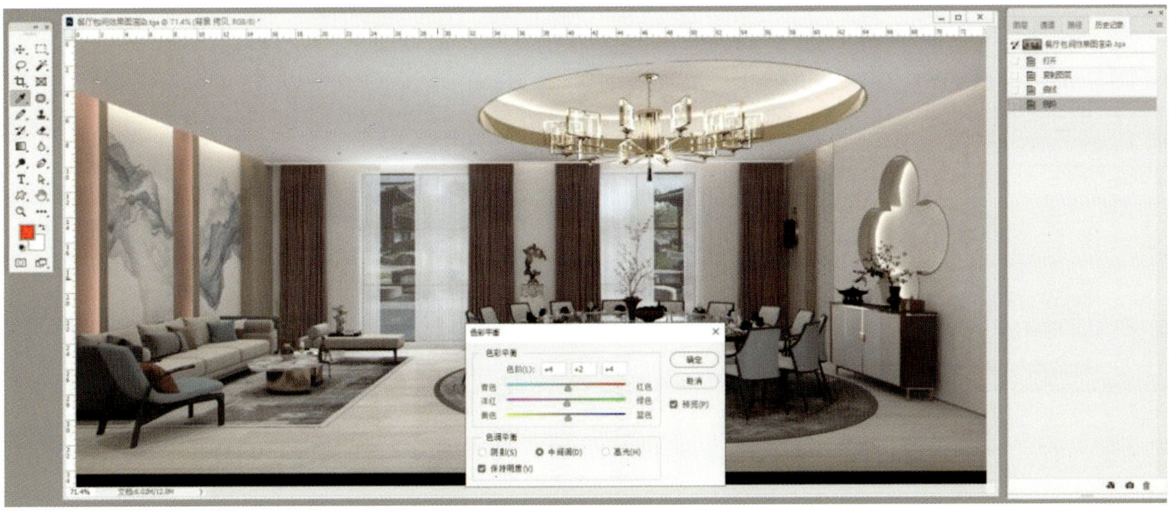

图 4-71

知识点二、整体调整出图

(1)对画面的对比度进行校正，更改图像的总体黑白对比关系。选择菜单栏中的【图像】—【调整】—【亮度 / 对比度】命令，在弹出的【亮度 / 对比度】对话框中进行设置，如图 4-72 所示。

图 4-72

(2) 对画面的饱和度进行校正，更改图像的总体彩度和对比关系。选择菜单栏中的【图像】—【调整】—【色相 / 饱和度】命令，在弹出的【色相 / 饱和度】对话框中进行设置，如图 4-73 所示。

(3) 画面的整体色调已得到很好的改善，但是画面的清晰度还是不够。选择【菜单】—【滤镜】—【锐化】命令，将该画面进行锐化设置，如图 7-74 所示。

(4) 点击【剪裁】工具，对画面进行最后的裁剪，让画面更加完整。

(5) 按【SHIFT+CTRL+S】组合键，在弹出的【存储为】对话框中将该图像文件命名为“餐厅包间效果图 - 完成 .jpg”，最终文件保存在项目四文件夹中。效果图如图 4-75 所示。

图 4-73

图 4-74

图 4-75

项目总结

本项目的初心是践行社会主义核心价值观，通过讲解新中式餐厅包间的效果图设计表现，让学生能感受美、表现美、鉴赏美、创造美。本项目运用了二维线性的挤出建模，学生通过学习该效果图的制作，能够了解到人造光模拟室内光照的方法，渲染器渲染的流程设置，以及出图时的一些技巧和方法，养成创新思维。本项目通过不同的材质设置，让材质呈现出全新的样貌，同时考虑了不同灯光层次、颜色之间的融合，以及材质和灯光之间的组合，反映了现代人追求简单生活的居住要求，更迎合了新中式风格追求内敛、质朴的设计理念，使新中式风格更加实用、更富现代感。

项目拓展

1. 后续深入学习商业空间的 VRay 设计表现，掌握此类空间材质的特性和设置。
2. 对室内灯光的照明方式进行研究，把设计理念融入效果图表现中。
3. 收集相关风格的设计素材，有利于拓展学生的审美和鉴赏能力，为后续的设计提供有效保障。
4. 尝试独立完成案例《美瑞廷洽谈区效果图》方案设计，如图 4-76 所示。

图 4-76

参考文献

[1] 茱蒂·葛拉芙·可兰．办公空间经典集 [M]. 胡弘才，黄淳德，许尚健，译．沈阳：辽宁科学技术出版社，2003.

[2] 邓楠，罗力．办公空间设计与工程 [M]. 重庆：重庆大学出版社，2002.

[3] 玛丽莲·泽林斯基．新型办公空间设计 [M]. 黄慧文，译．北京：中国建筑工业出版社，2005.

[4] 李文华．室内设计与 3ds Max 效果图表现教程 [M]. 北京：清华大学出版社，2007.

[5] 吴剑锋，林海．室内与环境设计实训 [M]. 上海：东方出版中心，2008.

[6] 颜文明，庄伟 .3ds Max/VRay 室内空间设计效果图表现 [M]. 北京：中国建材工业出版社，2012.

[7] 颜文明．居室空间设计 [M].2 版．武汉：华中科技大学出版社，2020.